译 者 按

美国沥青再生协会(ARRA)授权北京盛广拓再生科技股份有限公司(原北京盛广拓公路科技有限公司)在亚洲地区翻译、印刷、出版、传播及销售《美国沥青再生指南》(第2版)。感谢美国沥青再生协会的信任,感谢 Stephen Cross、Stephane Charmot 的支持。

据交通运输部统计,我国每年形成的沥青旧料达到1.6亿t之多,然而我国公路循环利用率不足30%,远低于发达国家90%以上的利用率水平。交通运输部对沥青旧料的循环利用很重视,2008年《公路沥青路面再生技术规范》(JTG F41—2008)的颁布促进了再生技术的推广;2012年交通运输部交公路发〔2012〕489号文件《交通运输部关于加快推进公路路面材料循环利用工作的指导意见》的发布,对我国沥青旧料的回收和再生利用明确了指导思想和工作目标,要求在2020年高速公路和普通国省道废旧路面材料回收率分别达到100%、98%,循环利用率分别达到95%、80%以上。目前,公路工程行业标准《公路沥青路面再生技术细则》正在编制,河北、上海、江西等省市已经编制了相关再生技术地方标准,我国沥青旧料的再生利用正在迎来新的热潮,但与发达国家相比差距仍然很大。

为促进我国再生技术健康有序发展,真实反映发达国家再生技术发展历程和应用现状,切实让我国公路主管部门、养护管理机构和养护从业单位积极审慎选择和应用适合自己的再生技术,译者遍访美国联邦公路局(FHWA)、美国沥青再生协会、科研院校和企业,通过对十余个州的调研,经美国沥青再生协会授权,将本指南(第2版)引入中国。在调研和编译本指南的过程中,译者有以下三个强烈的感受:一是美国的养护决策流程规范、科学。养护问题最终归结为经济性问题,通过路网级筛选项目,重视病害机理分析,对优良路段坚持保值养护,对次差路段坚持大中修一次性彻底整治,良好发挥资金效率,在考虑环保和资源节约的同时,再生技术的应用在保证技术可靠的基础上,做到造价最低,或者全寿命成本最低。二是坚持适用性原则。美国各种再生技术的应用均有其适用性,应结合交通荷载、公路等级、应用层位、沥青老化程度等旧料不同特性来选择合适的再生方式和旧料掺量。以热再生为例,不同公路等级、不同层位、不同气候降雨条件、不同加热方式和拌和工艺,其旧料掺量差异性很大,而且特别强调项目级评价。在热再生领域,我国在还未取得20%以下旧料掺量规模化成功经验情况下,盲目提高旧料大比例掺量,不考虑加热和设备工艺,不区分交通等级,不限制应用层位,不考虑旧料老化问题,盲目应用,显然不够科学严谨,容易出现而且已经出现质量问题,应引起我们警醒。三是美国公路与我国差异太大,不可照搬照抄。美国沥青路面基本为碎石基层结构,其裂缝类病害基本自上而下发展,而我国半刚性基层病害形式基本均为自下而上;同时,美国汽车工业标准化程度很高,基本无超载现象,再生技术主要应用在中轻型交通。在美国,就地冷再生技术用来解决自上而下的病害是合适的,全深式再生大量用于国家公园等低等级旅游公路基层(50%以上仅加水复拌)快速而经济;我国自下而上的半刚性基层病害特征,大量超载的重载交通道路,与美国差异很大,对再生材料的性能要求和施工要求也远较美国高。我们应吸收美国同行的决策方法,合理选择适合我国的再生方式,同时提出更高的材料质量标准和施工要求。

本指南由北京盛广拓再生科技股份有限公司翻译,孙斌审校。希望本指南在我国的出版发行,能够为我国沥青再生技术的良性发展起到良好的推动作用,能够为保卫祖国的绿水青山、蓝天碧水做出我们应有的行业贡献。

北京盛广拓再生科技股份有限公司　孙斌

2017 年 2 月

美国沥青再生指南

（第2版）

美国沥青再生协会　**编著**

美国交通部联邦公路管理局　**技术支持**

北京盛广拓再生科技股份有限公司　**译**

孙　斌　**审校**

人民交通出版社股份有限公司

China Communications Press Co.,Ltd.

内 容 提 要

本书为《美国沥青再生指南》(第2版),本指南由美国沥青再生协会、美国交通部联邦公路管理局联合编著,授权北京盛广拓再生科技股份有限公司在亚洲地区翻译、印刷、出版与传播。本书全面阐述了沥青路面再生技术在美国的应用,全书包括5部分共17章,第一部分概论及再生方法,包括概论、路面管理系统的沥青再生策略、路面检测与评价;第二部分冷刨(CP),包括冷刨、冷刨规范与检验;第三部分就地热再生(HIR),包括就地热再生工程项目分析、就地热再生混合料设计、就地热再生施工、就地热再生规范与检验;第四部分冷再生(CR),包括冷再生工程项目分析、冷再生混合料设计、冷再生施工、冷再生规范与检验;第五部分全深式再生(FDR),包括全深式再生工程项目分析、全深式再生混合料设计、全深式再生施工、全深式再生工程规范与检验。

本指南紧贴美国实际工程应用,具有很强的操作性和实用性,可供我国公路管理、科研、设计与养护人员深入了解沥青再生技术,促进沥青再生技术在我国的健康发展提供参考,同时也可供相关专业高校师生学习。

图书在版编目(CIP)数据

美国沥青再生指南 / 美国沥青再生协会编著;
北京盛广拓再生科技股份有限公司译. — 2 版.
— 北京 : 人民交通出版社股份有限公司,
2018.12
ISBN 978-7-114-14245-1

Ⅰ. ①美… Ⅱ. ①美… ②北… Ⅲ. ①沥青—再生—美国—指南 Ⅳ. ①TE626.8-62

中国版本图书馆 CIP 数据核字(2017)第 246245 号

著作权合同登记号:01-2019-1463

书　　名:	**美国沥青再生指南**(第2版)
著 作 者:	美国沥青再生协会　编著
	北京盛广拓再生科技股份有限公司　译
责任编辑:	刘永超　贾秀珍
责任校对:	刘　芹
责任印制:	张　凯
出版发行:	人民交通出版社股份有限公司
地　　址:	(100011)北京市朝阳区安定门外外馆斜街 3 号
网　　址:	http://www.ccpress.com.cn
销售电话:	(010)59757973
总 经 销:	人民交通出版社股份有限公司发行部
经　　销:	各地新华书店
印　　刷:	中国电影出版社印刷厂
开　　本:	880×1230　1/16
印　　张:	13.5
字　　数:	408 千
版　　次:	2018 年 12 月　第 2 版
印　　次:	2018 年 12 月　第 1 次印刷
书　　号:	ISBN 978-7-114-14245-1
定　　价:	85.00 元

Authorization Letter

授 权 书

This is to certify that the Asphalt Recycling & Reclaiming Association grants to *Beijing Saint Ground Highway Tech Co., Ltd.* the rights to translate, print, publish, distribute and sell the *BASIC ASPHALT RECYCLING MANUAL – 2ⁿᵈ Edition* in the Chinese language in book form within Asia.

兹授权 北京盛广拓公路科技有限公司 在亚洲地区代表 美国沥青再生协会 翻译、印刷、出版、传播及销售《美国沥青再生指南》(第二版)。

/Michael R. Krissoff

Executive Director
执行理事

Asphalt Recycling & Reclaiming Association
美国沥青再生协会

出 版 声 明

前　　言

　　《美国沥青再生指南》(BARM)第1版于2001年出版,很好地为指导沥青再生提供了参考。在过去的十几年中,再生设备、材料和技术不断革新进步,也促使了BARM的再版。由于大量先进成果的出现,第2版不只是作了小范围的更新和改编,而是在初版的基础上进行了全新的改写。

　　多位学者参与了BARM第2版的编著工作。感谢以下人员参与BARM初稿的编辑与修订:

- Patrick Faster (Gallagher Asphalt Corporation)
- Todd Thomas (Colas Solutions)
- Don Matthews (Pavement Recycling Systems Inc.)
- Trevor Moore (Miller Paving Limited)
- Tom Chastain (Wirtgen America)
- Victor (Lee) Gallivan (FHWA)
- Stephen Cross (Oklahoma State University)
- Terry Humphrey (Caterpillar Paving Products)
- Dragos Andre (Cal Poly Pomona)
- Blair Barnhart (The Barnhart Group)
- Jenelle Strawbridge (Caterpillar Paving Products)
- Kimbel Stokes (The Miller Group, Inc.)
- Jason Wielinski (Heritage Research Group)

　　特别感谢上述人员及其下属18个月以来夜以继日地工作以确保本指南的高质量编写,使之成为一部里程碑式的著作。初稿完成后,以下四人组成的修订委员会对整部指南进行了校对,并完成了编辑工作。

- Stephen A Cross, PhD, PE(*Technical Director, ARRA*)
- Todd Thomas PE(*Laboratory Manager, Colas Solutions, Inc.*)
- Don Matthews, PE (*Manager, Pavement Recycling Systems, Inc.*)
- Victor (Lee) Gallivan, PE (*Asphalt Pavement Engineer, FHWA*)

英制单位与国际单位制转换对照表

英制单位与国际单位的近似转换					国际单位与英制单位的近似转换				
符号	含义	进制	国际单位	符号	符号	含义	进制	实用单位	符号
长度					长度				
in	英寸	25.4	毫米	mm	mm	毫米	0.0394	英寸	in
ft	英尺	0.3048	米	m	m	米	3.281	英尺	ft
yd	码	0.9144	米	m	m	米	1.094	码	yd
mi	英里	1.609	千米	km	km	千米	0.6214	英里	mi
面积					面积				
in^2	平方英寸	645.2	平方毫米	mm^2	mm^2	平方毫米	0.0016	平方英寸	in^2
ft^2	平方英尺	0.0929	平方米	m^2	m^2	平方米	10.764	平方英尺	ft^2
yd^2	平方码	0.8361	平方米	m^2	m^2	平方米	1.196	平方码	yd^2
ac	英亩	0.4047	公顷	ha	ha	公顷	2.471	英亩	ac
mi^2	平方英里	2.59	平方千米	km^2	km^2	平方千米	0.3861	平方英里	mi^2
体积					体积				
fl oz	液盎司	29.57	毫升	mL	mL	毫升	0.0338	液盎司	fl oz
gal	加仑	3.785	升	L	L	升	0.2642	加仑	gal
ft^3	立方英尺	0.0283	立方米	m^3	m^3	立方米	35.315	立方英尺	ft^3
yd^3	立方码	0.7645	立方米	m^3	m^3	立方米	1.308	立方码	yd^3
质量					质量				
oz	盎司	28.35	克	g	g	克	0.0353	盎司	oz
lb	磅	0.4536	千克	kg	kg	千克	2.205	磅	lb
T	短吨(2000磅)	0.907	兆克	Mg	Mg	兆克	1.1023	短吨(2000磅)	T
温度(精确)					温度(精确)				
°F	华氏度	(°F−32)/1.8	摄氏度	°C	°C	摄氏度	9/5+32	华氏度	°F
力、压强、应力					力、压强、应力				
lbf	磅力	4.448	牛顿	N	N	牛顿	0.2248	磅力	lbf
lbf/in^2	磅力每平方英寸	6.895	千帕斯卡	kPa	kPa	千帕斯卡	0.145	磅力每平方英寸	lbf/in^2

目　　录

第一部分 概论及再生方法

第1章 概论

过去几十年来,美国对道路服务水平的需求不断提高,然而政府预算资金却在不断缩减,合理选择安全、高效且低成本的养护维修方法十分急迫。在过去的35年中,沥青再生技术得到了迅速发展。与传统的维修养护方法相比,对既有沥青路面材料的再生利用不仅具有可行性,而且更符合建设、维养安全高效道路的社会需求,同时还可从根本上降低对环境的影响,实现了节能环保的目标。

《美国沥青再生指南》(BARM)第1版于2001年出版,旨在为业主、代理商、专业技术人员以及相关工程专业学生提供了解各类沥青再生技术的方法。本书作为BARM的第2版,新增了近13年来该领域技术革新的最新内容。希望本指南能够为对沥青再生技术感兴趣的人们提供参考。

本指南编写仍不够详尽,不足以借此指南完成沥青再生项目的评价、设计、施工与检验工作。本指南主要内容包括:

(1)各类沥青再生利用方法。
(2)沥青再生利用技术的优势及性能。
(3)项目再生方案选择指导。
(4)混合料配合比设计原理。
(5)施工设备及方法。
(6)质量控制,检测及验收方法。
(7)规范要求。
(8)名词术语及定义。

充分获取沥青路面相关信息,通过可行性和(或)成本效益分析,可以对沥青再生利用方案进行理性决策。据此,在项目设计和施工前,需要富有沥青再生经验的技术人员对设计细节做出翔实的分析与建议。

相比其他传统的路面养护维修技术,如加铺罩面和翻修重建等,再生技术具有以下优势:

(1)节约成本。
(2)对不可再生资源的保护和重复利用。
(3)减少废料填埋,保护环境。
(4)节约能源。
(5)缩短工期。
(6)不对路基土造成扰动(全深式再生FDR除外)。
(7)提高路面结构材料的力学性能。
(8)某些再生方式可减轻或消除反射裂缝等既有路面病害。
(9)消除路面损坏并提高既有路面结构承载力,改善路面使用性能。

本指南的主要侧重点在于沥青路面的冷再生和就地热再生。由于沥青路面回收料(RAP)的热再生或温再生(HMA/WMA)技术目前在美国应用已经比较成熟,故本书不再加以深入探讨。

1.1 背景

美国和世界各地在20世纪后期人口迅速增长,经济快速发展,促进了大范围沥青路面公路网的建设,为满足交通和环境的需求,新建了数万公里公路,设计使用年限一般为20~40年。持续的交通荷载作用下,许多公路已接近甚至超过了当初的设计寿命,造成了这些公路的损坏。

在路网建设期,主要考虑建设成本,而持续的养护投入很少被考虑在内。随着路网的完善,交通量和车辆荷载增加,同时用于路面维修的资金预算缩减,导致了主管部门正面临路网翻修重建资金严重不足的难题。

为提升养护资金使用效率,一个创新型的养护理念,即路面保值理念诞生了。顾名思义,路面保值指的是更重视对处于良好路况水平的道路进行养护以保值,而减少对已处于较差路况水平道路的维护投入。在合适时机进行的预防性养护较传统的翻修重建成本更低,可以大大延长路面的使用寿命。

即便是增加了预防性养护措施,专门用于维修养护的资金仍远远不足以满足提升甚至维持整个路网哪怕最低服务水平的需要。这就导致了大量道路亟待昂贵的养护维修或重建。

图1-1中用一条下降的曲线来表征在不采取养护措施的条件下路面状况随时间衰变的规律。一项来自世界银行的研究表明,在道路使用性能衰减小于40%前进行预防性养护,每增加1美元的投入,与在路面性能衰减80%时才采取应急性养护,将节省3~4美元的维修费用。图1-1表明了两种投资方案下相关费用投入和道路使用寿命的关系。

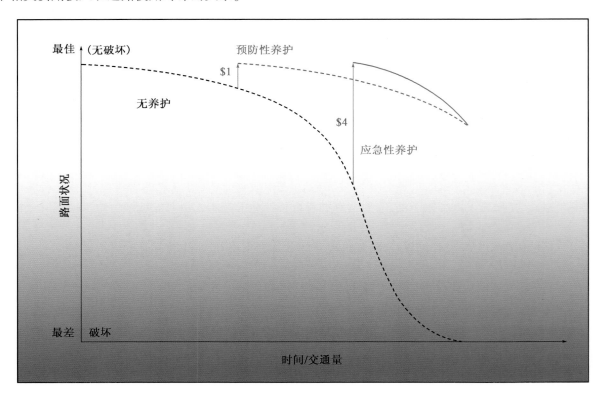

图1-1 养护和不养护条件下路面状况衰变曲线

由于道路预防性养护、保养、维修和重建都需要与其他公共开支争取财政资金,因此必须进行革新,使有限的资金发挥更大的效益。沥青再生技术有利于降低造价,实现花同样多的钱维养更多路的目标。

沥青再生并不是一个新概念,沥青路面的冷再生可以追溯到20世纪初期。第一篇记载沥青再生的文章发表于20世纪30年代,是有关就地热再生(HIR)的。然而,直到20世纪70年代中期,沥青再生技术和设备才取得了一定发展。

20世纪70年代有两件大事推动了沥青再生技术在全球的发展,使其直到今天仍在世界范围内广泛应用。20世纪70年代初石油危机的爆发以及1975年大规模冷铣刨设备的发展,同时伴随着可替换铣刀的出现,使人们重新对沥青再生产生了兴趣。伴随着沥青再生技术的进步,过去几十年再生设备制造和再生工程业呈指数发展态势。

资金匮乏的经济环境使全世界的政府部门均意识到了资源的再生利用在路网维护领域创新的重要性。社会也开始逐渐重视各行业的发展对环境所带来的影响。许多国家已经制定法规,明令要求在道路新建或养护时必须回收或使用不少于一定比例的再生材料。

在北美,沥青路面已是目前最常见的循环再生材料,沥青再生技术的使用节省了大量能源,同时减少了温室气体的排放并降低了不可再生资源(原油和集料)的消耗。

1.2 沥青再生方法

ARRA 将各种沥青再生方法分为以下五大类,包括:

(1)冷刨(Cold Planing,CP)。

(2)厂拌热再生(Hot Recycling,HR)。

(3)就地热再生(Hot In-Place Recycling,HIR)。

(4)冷再生(Cold Recycling,CR)。

(5)全深式再生(Full Depth Reclamation,FDR)。

厂拌热再生指的是将路面回收沥青(RAP)进行厂拌处理(温拌或热拌),本指南将不进行深入讨论。ARRA 更感兴趣的其余四种再生方式可进一步细分为如图 1-2 所示的几种。

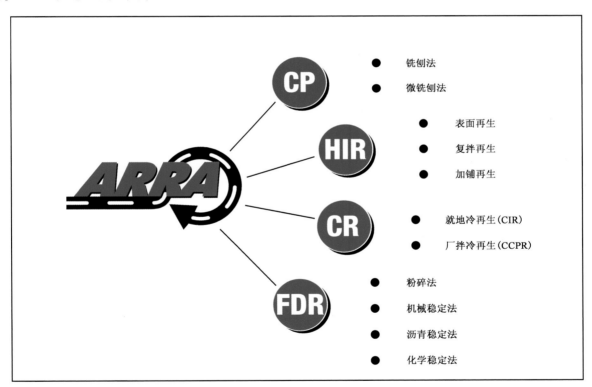

图 1-2 ARRA 再生方式分类

为方便业内人士对沥青再生方法的交流,ARRA 和联邦公路管理局(FHWA)统一使用并推行图 1-2 中所标注的再生方式简称和缩略词。

在实际工程中,多种再生技术常常联合使用,或某种再生技术与其他养护维修方法协同使用。比如,对于一条现有道路,可以用冷刨法(CP)铣刨沥青面层,将沥青路面回收材料(以下简称 RAP)堆放于拌和厂,之后在冷刨层上加铺含有一定比例旧料的厂拌热拌沥青混合料(HR)或厂拌冷再生混合料

（CCPR）。除此之外，也可以在摊铺厂拌再生混合料之前用 HIR、CIR 或 FDR 方法对冷刨后剩余路面结构层进行再生，以缓解或彻底消除路面损坏。

对于 ARRA 的每项再生技术，本指南中都有对应的章节，详细介绍了项目评价、混合料配合比设计、施工、规范和检验标准，也笼统介绍了各种沥青再生方式的工程可行性分析以及效益分析，以便决策参考。

1.3　厂拌热再生(HR)

厂拌热再生(HR)是将 RAP 与新集料、新沥青和再生剂(按需要)在拌和厂进行拌和，生产出热再生沥青混合料的一种方法。HR 利用加热的方式软化 RAP，使其与新集料、沥青(和再生剂)混合。专门设计或经改装用于厂拌热再生的间歇式或连续式拌和设备如图 1-3 所示。

图 1-3　厂拌热再生设备

RAP 热再生是当今使用较为广泛的沥青再生方法。据沥青路面联盟统计，美国每年产生的 RAP 将近 1 亿 t，其中约有 9 500 万 t 被回收再生利用，再生利用率达到 95%。

各州公路署对厂拌热再生混合料中 RAP 的掺量及其厂拌热再生允许的应用层位有着不同的规定。一般旧料掺量控制在 20% 以内，且对旧沥青的老化需要进行较严格的控制。虽然部分公路署开始允许将热再生混合料用于所有路面结构层中，包括表面层，但前提是对 RAP 及其用量进行审慎的评估、严格的配合比设计和精细的施工控制。更多公路署对 RAP 的最高掺量和使用层位进行了严格的限制。

在热再生过程中，RAP 需要吸收热量软化，因此，RAP 的含水率需要控制在尽可能低的水平，RAP 中过多的水分会在汽化过程中吸收额外的热量，从而降低生产效率。

热再生混合料中 RAP 的实际掺量受到很多因素的制约，与很多因素有关，比如拌和厂的技术水平、RAP 的级配、旧沥青的老化等物理性能、废气排放法规等。低等级低层位等某些特定条件下 RAP 的掺量甚至高达 95%，但是，实际允许的典型掺加量限制在 15%~30%。热再生混合料通过常规的设备进行运输、摊铺和碾压。

厂拌热再生的优点如下：

（1）保护不可再生资源。

（2）比传统混合料节约能耗。

（3）可通过合理选择新集料、沥青和再生剂来调整原配合比，解决原混合料级配和沥青结合料的问题。

（4）再生利用 RAP 中的沥青和集料，节省成本。

厂拌热再生是一种常规的再生方法，有大量资料可供参考，因此本指南不再赘述。

1.4 冷刨（CP）

冷刨（CP）一般作为一种铣刨方法，指的是采用专用设备，控制性地将沥青层剥离至设定深度且具有一定横断面的方法（图1-4）。冷刨可用于道路的重建、维修和养护施工中。

图 1-4　冷刨设备

经冷刨处理后形成的带有纹理的表面可直接作为路面供车辆行驶，也可用其他沥青再生方法进一步处理，或经过清扫和喷洒黏结层后加铺 HMA 或再生混合料。此外，CP 也可用于不平整路面以恢复摩擦系数。经冷刨后的路面纹理见图1-5。

现代的铣刨机具有大直径滚筒式铣刨头的切割室，铣刨头是专门设计的可替换切割齿或切割工具，用于刨除现有路面层。图1-6 为一种典型的铣刨滚筒。

在铣刨时需加入少量水以减少扬尘和降温，从而延长刀具使用寿命。水通过切割室里的多个喷头喷洒到刀具上。冷刨机具有自推动装置，同时尺寸较大，足以稳定地牵引整台机器铣刨路面达到规定的纵断面和横断面要求。其中大多数具有自动控制系统以控制高程和纵横坡。

冷刨产生的 RAP 装载到拖车上运走，然后用厂拌冷再生（CCPR）或厂拌热再生（HR）方法进行再生加工。RAP 也少部分用于道路新（改）建基层集料、沟渠衬砌料、路面修补料或砂石路面层，但是，RAP料的最佳用途是原位利用为路面结构层本身。

图 1-5　冷刨路面纹理和 HMA 罩面

图 1-6　铣刨滚筒

冷刨的优点如下：

（1）可消除车辙、波浪、损坏的面层和（或）老化的沥青层。

（2）可纠正纵、横坡。

（3）恢复横断面以改善排水。

（4）铣刨整个沥青结构层，在道路重建或改建时再生利用。

（5）铣刨裂缝密封胶或封层，以便加罩沥青层。

（6）恢复/提高摩擦系数。

（7）清除路缘带加铺的路面以恢复道路高程。

（8）为其他再生方式提供作业面。

（9）高效率、交通干扰小。

（10）改善路面平整度。

近年来，路面平整度越来越受到重视。由于受财政预算的限制，如今许多州公路署对沥青层进行浅层铣刨，即小于等于2in（50mm），并只加铺一层沥青层。验收支付通常会考核新旧路面平整度提升度。考核平整度指数，一般考核国际平整度指数（IRI）、平均平整度指数（MRI）、纵断面指数（PI）以及行驶指数（RI）等。如果冷刨施工承包商片面追求施工速度，铣刨后的路面平整度与原有路面相比几乎没有改善，则上覆沥青层摊铺就将成为控制平整度的关键。若在冷刨时对平整度进行精细控制，那么新加铺沥青层后路面的行驶质量就更容易得到改善。

冷刨不仅仅在一般意义的再生和RAP重复利用的方面有利于可持续发展，也在很多方面大有作为。

改善路面行驶质量将带来两方面的节能效果：一方面因为平整路面比粗糙路面的摩阻力小，一条IRI为0.6m/km（40in/mi）的道路路面相比于IRI为0.9m/km（60in/mi）的路面，其摩阻力更小。车辆行驶在平整路面上所消耗的能量更低，久而久之，将产生显著的节能效益。另一方面的节能表现在，车辆行驶在粗糙的路面上时，会对路面结构产生较大的冲击力，从而加速路面的破坏。从路面状况指数（PCI）和当前服务水平（PSR）进行定量分析，路面平整的道路使用寿命更长。因此，由于道路使用寿命的延长，维养所付出的单位成本降低，从而节省了相当可观的开支。此外，这样也会减小路面施工所造成的交通干扰，因为道路维护周期延长了。最终，因为降低了对交通流的影响，减少了施工、运输及其他设备的使用，总能耗也就随之降低了。

冷刨不仅仅在一般意义的再生和再利用方面有利于可持续发展，而且在很多方面都大有作为，应认识到其在恢复道路横纵断面（横坡和平整度）方面的作用，并且在今后大力推行。

1.5 就地热再生（HIR）

就地热再生（HIR）技术提供了经济高效且可持续的路面修复方法。HIR方法已广泛应用于各等级道路中，在设计规范合理，施工方法得当的条件下，相比传统维修方法可以节省30%～50%的资金投入，同时降低了二氧化碳的排放。HIR路面养护和修复技术，结合加铺沥青层的方法，可以看作是一种结构性修复手段。

HIR通过加热装置软化现有沥青路面，经弹簧耙齿耙松、旋挖或铣刨至一定路面厚度，随后将翻松的旧沥青路面材料收集到常规设备进行拌和、摊铺和压实。HIR技术能100%实现沥青路面材料原位再生利用。由于HIR设备机组排成的长度能延伸几百英尺，故而将该设备称作HIR"再生列车"。HIR典型的有效处理深度是19～50mm（3/4～2in）；某些设备可通过连续的加热、耙松和堆垛达到75mm（3in）的再生厚度。

根据需要，可在HIR混合料中添加再生剂（再生油分、再生乳化剂或者软沥青黏合剂）、沥青混合料（厂拌HMA/WMA混合料）或者新集料。添加成分主要由现有路面材料和所需的面层材料性能决定。各种材料的添加量根据原沥青路面性能分析及其实验室配合比设计确定，同时须满足相应的混合料规范要求。

HIR 的再生列车和施工方法有许多种,其细节上也各有差别,但总体而言可以按照表面再生、复拌再生与重铺再生三大原则进行归类。

所有的 HIR 工艺都采用了相似的设备,包括以下单元:

（1）预热装置。

（2）热翻松、旋挖、铣刨装置。

（3）拌和装置。

（4）堆垛设备。

（5）撒布设备。

（6）摊铺压实设备。

1.5.1　表面再生

表面再生是 HIR 工艺中的一种,是通过一系列预加热装置(图1-7)将沥青路面进行预热软化,随后继续加热并用一系列锋利的弹簧式翻松耙齿(图1-8)或小直径的旋转刀头、钻头和犁板翻松至指定深度。翻松路面后根据需要添加再生剂,充分拌和松散的再生混合料,然后用标准的摊铺机进行摊铺。处理深度一般在 3/4 ~ 2in(19 ~ 50mm)之间。在表面再生的过程中不添加新的混合料或新集料,因此路面总厚度基本保持不变。

图 1-7　预热装置

以上三种 HIR 方法都已成功应用于各等级道路路面中,然而 HIR 表面再生应用的时间最久。HIR 表面再生的施工过程见图 1-9。HIR 表面再生混合料使用常规胶轮压路机、振动/静压钢轮压路机进行压实。虽然低等级道路表面再生曾作为表面层使用过,但通常都会在表面再生层上加铺沥青层或封层。

图 1-8　弹簧式翻松耙齿

图 1-9　HIR 表面再生

1.5.2 复拌再生

　　HIR 复拌再生是在加热、软化和翻松原沥青路面后,将其置于拌和滚筒或拌缸中,添加再生剂,进行充分拌和的一种方法(图 1-10)。根据再生混合料和级配控制需要,加入适量的外加混合料或新集料。经充分拌和的再生混合料摊铺成均匀的一层。再生混合料通常可作为表面层直接使用,但也可以根据需要加铺 HMA/WMA 或者碎石封层、稀浆封层及微表处。

图 1-10　HIR 复拌车组

1.5.3 重铺再生

　　HIR 重铺再生实现了表面再生(或复拌再生)和沥青罩面层的双层摊铺,然后将再生混合料和沥青罩面层一次压实。沥青罩面层的厚度可以小于常规的上覆层,因为两层间具有热黏结,使其成为一个整体,故而这种方法取消了黏结层。

　　在 HIR 重铺的过程中,再生混合料充当基层或找平层,而新加铺的混合料作为表面层。新的沥青面层可薄至 12.5mm(1/2in),或厚至 57mm(2.25in),整个上覆层和再生下卧层的总厚度可控制在 75mm(3in)。因此,通过 HIR 重铺再生,路面厚度可以整体提高。

　　在 HIR 重铺中,需要装有两个摊铺箱的双层摊铺机,第一层摊铺机铺设再生混合料,第二层摊铺机在再生混合料上摊铺新混合料。然后两层同时用胶轮压路机和钢轮振动压路机组合碾压成型。图 1-11 所示是一套 HIR 重铺车组。

1.5.4 HIR 的优点

　　HIR 的优点包括但不限于以下方面:
　　(1)保护不可再生资源。
　　(2)比其他重建和维修方法更节约能源。

图 1-11　HIR 重铺车组

（3）比其他重建和维修方法减少了汽车运输。

（4）修复面层裂缝,提高平整度。

（5）消除轻度车辙、坑槽和松散。

（6）保持路缘石高度和净空。

（7）可用再生剂恢复老化的沥青,以恢复路面柔性,延长路面使用寿命并减缓底层老化沥青层反射裂缝发展。

（8）通过合理选择新集料、沥青及再生剂可纠正原有级配、胶结料和水损坏带来的问题。

（9）可恢复或改善摩擦系数。

（10）通过热黏结提高纵向接缝效果。

（11）减少交通干扰和用户出行不便。

（12）减少或避免路缘啃边。

（13）比其他重建和维修方法经济。

1.6　冷再生(CR)

冷再生(CR)是一种沥青路面全过程不加热的再生方法。CR 根据所使用的工艺可再分为两类,即就地冷再生(CIR)和厂拌冷再生(CCPR)。CR 是一种路面保值和纠正性维修技术,加铺 HMA 或封层后,可作为主要的结构层修复技术。

1.6.1　就地冷再生(CIR)

CIR 方法通常会用到许多设备,如油罐车、铣刨机、压碎和过筛设备、拌和机、摊铺机和压路机等。类似于 HIR,组合设备被排成相当长的距离,通常也称为再生列车。

CIR 实现道路现场再生且 100% 利用 RAP。单层处理厚度通常为 75 ~ 100mm(3 ~ 4in);对于下承层良好的情况,单层最薄可达 50mm(2in),具备一定的压实条件时,单层厚度可达 125mm(5in)。在分层再生施工时,再生厚度可以更厚。再生过程需要添加沥青再生剂,一般包括乳化沥青和泡沫沥青。此外还可添加水泥和石灰等其他外加剂,以增加早期强度并抵抗水损坏。再生料中可添加新集料来改善性能。不同 CIR 机组的设备配置不同,主要区别在于 RAP 的剥离和破碎方式、再生剂和改性剂的加入方式、拌和与控制方式以及再生混合料的摊铺工艺。

1)单设备 CIR 车组

单设备 CIR 机组通常采用下切式冷刨鼓铣刨 RAP,通过控制冷刨机/再生机行进速度和刀片的破碎,控制 RAP 的最大粒径。再生剂的添加和拌和在铣床切削室进行。再生混合料的摊铺由车组后附的熨平装置(图 1-12)直接摊铺,或归集成料堆并拾至摊铺机摊铺。

图 1-12　装备熨平板的单设备 CIR 车组

在单设备车组中,按再生规模预设再生剂添加量,其中再生数量由再生层宽度、厚度和设备的预设前进速度确定。路面所需的再生剂用量也可以由米每分钟(英尺每分钟)的计量方式加以控制。由于再生剂添加量和 RAP 实际重量不直接相关,因此该方法过程控制一般。单位回收材料的体量可能在再生设备推进过程中发生波动,从而导致再生剂添加率的波动。

2)双设备 CIR 车组

双设备车组不太常见,通常由大型全车道冷刨机和拌和摊铺机构成(图 1-13)。冷刨机剥离和破碎 RAP 并将其传输至摊铺机摊铺。摊铺机通过一条带计量装置的传送带和计算机准确控制再生剂添加量。某些拌和摊铺机备有筛网去除过粗的 RAP。拌和摊铺机包括混合料搅拌机和摊铺熨平机。

在双设备车组中,再生剂添加量按 RAP 实际称重添加,与再生路面宽度、厚度和机组行进速度无关。虽然再生量与再生剂添加量直接相关,但因不进行 RAP 的破碎和整形,双设备机组过程控制不算很严格。

图 1-13 双设备 CIR 车组

3）多设备 CIR 车组

多设备 CIR 车组一般由一台大型全车道冷刨机,一台破碎、筛分拖车和一台拌和拖车组成。铣刨机剥离旧料并通过一个移动式的独立筛分/破碎机完成 RAP 分级,再生剂添加在搅拌机拌缸中与 RAP 料充分拌和均匀。在一些机组中筛分/破碎机和拌和机被组合为一台大型设备(图 1-14)。拌和好的混合料料堆,交由一台带有传送带拾料转运机输送到常规摊铺机摊铺。另外,也可以将混合料直接送入摊铺机料斗中直接摊铺。

RAP 的最大粒径由筛分/破碎装置的筛孔尺寸控制,所有尺寸过大的 RAP 将被送至破碎机重新破碎后过筛。再生剂添加量由计量传送带和搅拌机计算机自动控制。再生剂添加量根据待处理的 RAP 总量确定,与处理宽度、厚度和机组行进速度无关,过程控制相对严格。

1.6.2　厂拌冷再生(CCPR)

厂拌冷再生(CCPR)是在中心拌和厂内,由固定的厂拌冷再生设备完成再生混合料拌和的一种方法。固定的冷再生设备可以是一台专门设计的搅拌机(图 1-15),或去除冷刨机部分的 CIR 车组(图 1-16)。CCPR 混合料可立刻用于再生路面摊铺,或堆放成料堆等待后续使用。

CCPR 厂拌冷再生用到的 RAP 一般是通过铣刨机铣刨或者铲车、挖掘机、翻斗叉车开挖获得。沥青旧料随后运送到拌和厂进行筛分,添加沥青类再生剂拌和。再生剂的类型、等级和添加量根据 RAP 料性能和再生混合料配合比确定。

CCPR 厂拌冷再生拌和设备通常只有一个 RAP 料仓。如果需要添加新集料或 RAP 需要进一步筛分分级,冷料仓则需要分割开的多个储料室或配置多个冷料仓。CCPR 拌和设备配有计量传送带、再生剂添加自动控制系统、一套化学外加剂添加系统(如果需要)和搅拌装置。有时为短期存储和卸料需要,会配备储料仓。若 CCPR 堆垛存放,则还需要有堆料传送机。

图 1-14 多设备 CIR 车组

图 1-15 厂拌冷再生 CCPR 拌和设备

图 1-16　CIR 车组固化成 CCPR 设备

　　厂拌冷再生混合料用传统运输车辆运送到现场,或采用卸料车倒至现场用拾料机转运到摊铺机上。混合料使用常规沥青摊铺机摊铺如图 1-17 所示。若平整度不作要求,可使用自动平地机整形摊铺。

图 1-17　CCPR 混合料摊铺

1.6.3 冷再生(CR)压实

因为混合料粒料间内摩阻力大,老化的胶结料黏度高且常温压实,压密冷再生混合料比 HMA 和 WMA 需要更大的压实功,通常需要大型胶轮压路机和双钢轮振动压路机(图 1-18)。

图 1-18　冷再生层双钢轮振动压路机压实

1.6.4 冷再生(CR)养生

压实的冷再生混合料在二次压实或加铺表面层(如果需要)前需要充分养生。在养生期,剥落问题需要加以重视。在 CR 混合料完成压实之后、开放交通之前,可采用雾封层的方式予以保护。由于车辆轮胎可能带起再生混合料,所以雾封层养生结束后才能开放交通。还有一种方法是采用吸水沙(或"扼流"沙)来吸收多余的雾封层,以加速开放交通。

CR 的养生期取决于多种因素,如使用的再生剂类型、环境条件、排水状况以及混合料的湿度特性等。养生期短至几小时,长至几周。一般 2 ~ 3d。如需加快养生,则需额外添加外加剂(如水泥、石灰等)。

1.6.5 CR 的二次压实

如果采用沥青类再生剂,建议在养生后进行二次压实,以消除在车载压密作用下导致的轮迹带微小变形。二次压实最好选取较温暖的天气或一天中温度较高的时段(如下午)进行。二次压实中需要采用新的碾压工艺。

1.6.6 CR 的覆盖层

若 CR 混合料的空隙较大,则需在其上方加铺一层覆盖层以阻隔表面水分的渗入。对于低交通量的道路,碎石封层、稀浆封层和微表处都已成功应用。对于重交通道路,则通常需要加铺沥青面层。

1.6.7　CR 的优点

CR 的优点包括:

(1)保护不可再生资源。

(2)相比传统养护/维修方法更加节能。

(3)修复路面缺陷。

(4)消除部分裂缝并缓解反射裂缝。

(5)消除车辙、坑槽和松散。

(6)CIR 不扰动基层和路基材料。

(7)与 CCPR 结合可以提升基层性能。

(8)路面横、纵坡得到改善。

(9)改进混合料级配,解决胶结料老化问题。

(10)减少交通干扰和用户出行不便。

(11)CIR 可减少或避免路缘啃边现象。

(12)相比较其他传统养护/维修方式节约成本。

1.7　全深式再生(FDR)

全深式再生(FDR)是一种将全部沥青层和一定厚度的下卧层材料(基层、底基层和/或路基)统一粉碎、拌和形成下承层的维修技术。一般来说,这种材料不需要添加再生剂就可为路面结构提供一定的承载力。然而,如果经工程评估再生料性能需要进行优化或提高,则有如下三种稳定方法:

(1)机械(粒料)稳定法。

(2)化学稳定法。

(3)沥青稳定法。

机械稳定法是通过添加粒料(如新集料)或回收料(如 RAP)或者混凝土破碎料稳定。化学稳定法是通过加入硅酸盐水泥(干粉或稀浆)、石灰(熟石灰或生石灰)、C 型粉煤灰、F 型粉煤灰(当需要与其他添加剂结合使用时)、水泥窑渣(CKD)、氯化钙、氯化镁或专有产品。沥青稳定法是通过添加乳化沥青或泡沫沥青。可以用一种或多种稳定剂复合使用,将稳定剂与外加剂结合使用可使 FDR 性能进一步优化。

随着大功率、自行式复拌设备(图 1-19)的发展,使得处治深度更深、生产效率提高,稳定剂添加计量更加精确,促进了 FDR 的应用。

1.7.1　FDR 设备

FDR 设备包括如下一种或几种:复拌设备、自行式平地机、洒水车和压路机。对于更复杂的 FDR 项目而言,需要用到稳定剂和外加剂,从而需要额外的设备,包括铲车、拖车、料堆收集机或集料撒布机、矿粉撒布机、稀浆拌和机、乳化沥青或热沥青罐,如图 1-20 所示。复拌机配置有专门设计的粉碎/拌和滚筒,滚筒内配有特制的可替换的碳化钨焊齿切削刀。滚筒通常逆时针旋转,与复拌机行进方向相反。再生材料的粒径由复拌机前进速度、滚筒的旋转速度、粉碎/拌和滚筒前后门是否开启、粉碎/拌和滚筒破碎刀头位置决定。

1.7.2　整形和压实

在翻松、湿度调节和加入稳定剂(如果需要)并拌和之后,需要通过一台自行式平地机(图 1-21)进行路面初步整形,接下来要用大平板夯、振动平板夯、胶轮压路机或单/双钢轮振动压路机进行碾压。

图 1-19　FDR 复拌设备

图 1-20　FDR 设备

图 1-21 采用自行式平地机进行初步整平

如果使用稳定剂,则在最终整平压实到规定横纵断面后,还需要一段时间的养生。养生期的长短取决于稳定剂的种类、所用的外加剂以及环境条件等。养生结束后,需加铺覆盖层。

1.7.3 FDR 的优点

FDR 的优点如下:

(1)保护不可再生资源。

(2)相比传统养护维修方法更加节能。

(3)修复现有路面缺陷。

(4)使用稳定剂可修复路基缺陷。

(5)合理选择粒料可纠正原集料级配存在的问题。

(6)可以纠正基层和路基的沉陷,恢复断面和排水。

(7)使用稳定剂可修复原结构性缺陷,形成新的均匀、稳定的路面结构,并提高其承载力。

(8)通过调整不同的处理深度和稳定剂,优化覆盖层类型和厚度设计。

(9)减少交通干扰和用户出行不便。

(10)可减少或避免路缘啃边现象。

(11)相较其他养护方法节约成本。

第2章 路面管理系统的沥青再生策略

公路网的高速建设期已达巅峰,大批道路基础设施已经老化,许多道路即将接近服务寿命。有限的预算资金和对既有资源的需求,使工作重心已经由新建转移到资产保值和延长现有道路的服务寿命上。适时或提前实施预防性养护和维修处理可以保护现有道路的内部结构。

路面管理系统是一种路面资产养护分析决策系统,可以辅助各署在面对年度养护资金预算不足现状时进行养护规划并选择合适的养护维修方案。若正确实施路面管理系统,各署可以实现资金的充分有效利用,用尽可能少的养护资金来追求更好的养护效益。路面状况指数(PCI)以及面层类型、交通水平等

> 如果应用合理,各署可以实现资金的充分利用,用尽可能少的花销来实现更多的目标。

其他路面特性指标,是进行养护维修方案的依据,各署也会将其纳为主要的决策要素。公路署通过了解各种养护决策方案的工程造价,根据年度养护预算科学选择决策方案,合理分配资金,用于路况优良路段的预防性保值养护,延迟路况较差路段维修养护时间。

尽管路面管理系统被证实为一种维持或改善路面整体状况的有效措施,但大多数公路署将其养护策略直接限制在少数几个方案内,比如:

(1)预防性养护措施,如对状况良好的路面做表面处理。

(2)对于需要维修的路面进行厚或薄的温/热拌混合料加铺罩面。

(3)对于较差的路面直接进行大修重建。

传统养护策略如图2-1所示。图中的实线代表路面状况随时间的衰减和损坏过程,交通荷载以及气候条件等综合因素随时间推移逐渐加剧路面的损坏。不同类型的路面随时间衰变的速率也不相同,主要受以下因素影响:

(1)初始建设质量。

(2)各结构层类型与厚度。

(3)各层的强度。

(4)路基土类型和含水率。

(5)环境因素。

(6)养护方式及效率。

(7)交通量和轴载。

如图2-1所示,在不进行养护干预的条件下,所有路面都会在一段时间后损坏,唯一避免损坏并延长使用寿命的方法就是采取养护或维修措施。

图2-1给出了传统的养护策略,但实际上,维修养护策略不仅限于表面处理、加铺罩面及重建三种方式,还有大量的其他养护维修策略。可以通过采用一种或多种方案结合,以最经济的方式来延长路面使用寿命。按照养护目标,这些养护策略可细分为如下几类。

(1)养护类 MAINTENANCE——用以恢复或改善路面性能如能见度、摩擦系数、几何线形、老化程度等,不提升路面强度和结构承载力。这些措施通常只对路面结构进行表层处理,可进一步细分为:

①预防性。

②日常性。

③矫正性(反应性)。

④突发性。

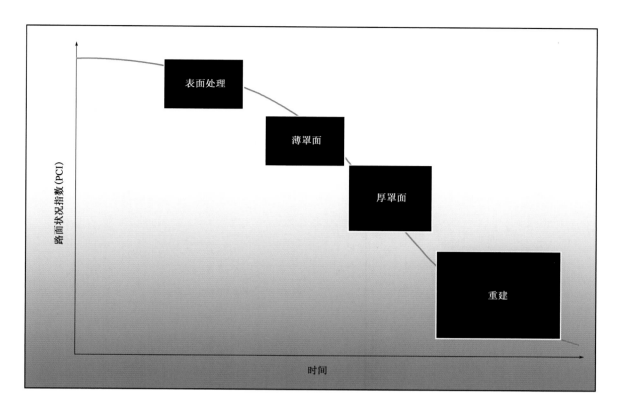

图2-1　传统养护策略

（2）维修类 REHABILITATION——通过加铺或再生面层改善或恢复路面结构承载力,根据改善程度,可以进一步分为:

①大修(重度)。

②中修(结构性加铺)。

③小修(轻度)。

（3）重建类 RECONSTRUCTION——对路面结构彻底重建翻修,包括处理路基。

在确定维修养护优先策略过程中,各公路署必须确定对哪些项目优先投入资金养护,而对哪些项目应先搁置暂时不投资养护。路面保值指的就是管理部门将资金优先投入在需要预防性养护的良好路面上的理念和方法。

联邦公路管理局(FHWA)发布了《路面保值定义备忘录》,清晰并统一地定义了路面保值。根据FHWA 的定义,路面保值是"一种应用到路网级的、长周期规划的管理行为,通过采取一系列综合的、经济性的养护管理措施,以实现改善道路路面性能,延长路面使用寿命、改善道路安全、迎合驾驶员期望"。日常保养、预防性养护和小修策略在路面保值养护程序中都很常用。表2-1 总结了 FHWA 定义的维修养护策略。

在合适的时机,针对适合的路段,采用路面保值方案,通常将比采用其他措施可实现用更小的养护投资即能延长路面使用寿命,获得更好的经济回报。在路面管理系统中,这种方法也叫作"最好优先"。相对于"最差优先",就是公路署将资金优先投放到重建项目,然后将剩余资金用于路面保值养护。

各公路署不应将路面养护策略仅局限于路面加罩和重建。与传统养护维修方法相比,沥青再生利用策略更具有经济性、环境友好性。再生利用策略包括以下方式:

（1）冷刨(CP)或破碎,指的是采用专有设备,控制性地将路表剥离沥青层至设定深度且具有一定横断面的方法。CP 可以用来恢复摩擦力,减少麻面,或在加罩之前消除面层老化和表面损坏。CP 也可为后续罩面施工提供均一稳定的下承层。

维修养护分类	策　略	目的	提高承载力	提高强度	减少老化	恢复服务能力
重建类	新建		√	√	√	√
	重建		√	√	√	√
维修类	大修			√	√	√
	中修(结构性加铺)		√	√	√	√
	小修	⎫			√	√
养护类	预防性	⎬ 路面保值			√	√
	日常性	⎭				√
	矫正性					√
	突发性					√

（2）就地热再生（HIR），其过程是加热软化并翻松现有沥青面层，添加再生剂，随后进行拌和、摊铺与碾压。HIR 可以改善老化，修复表层的微小裂缝和其他损坏。

（3）冷再生（CR），通过铣刨沥青面层 2 ~ 5in（50 ~ 125mm），添加再生沥青（如乳化沥青或泡沫沥青）拌和、摊铺和压实，就地实现现有路面的重复利用，CR 已成功应用在严重裂缝的路面修复中。之前传统做法是移除已严重开裂的面层并重铺厚沥青罩面。采用 CR 再生技术，可对原沥青层表面就地再生，消除裂缝，之后在冷再生层上加铺面层，通常加铺薄沥青层。

（4）全深式再生（FDR），是一种将全部厚度的沥青层和一定厚度的面层下部材料（基层、底基层和路基）进行统一破碎的修复方法。按需添加稳定剂、粒料、化学材料或沥青。回收料现场拌和以形成均匀、稳定的道路下卧层（基层、底基层或路基）。通常须加铺厚沥青层。FDR 能够完全消除现有裂缝，形成较强的路面结构下卧层。

上述技术在第一章中已经介绍过，并将在第 4 ~ 17 章中详细讨论。表 2-2 列明了再生利用策略在 FHWA 的维修养护对策中相应归类情况。

养护维修活动中的沥青再生利用技术 表 2-2

维修养护分类	策　略	方法	冷刨	就地热再生	冷再生	全深式再生
重建类	新建					√
	重建		√			√
维修类	大修		√		√*	√*
	中修(结构性加铺)		√	√*	√*	
	小修	⎫	√	√	√	
养护类	预防性	⎬ 路面保值	√	√	√	
	日常性	⎭	√			
	矫正性		√		√	
	突发性		√			

注：* 为需加铺沥青层。

如表 2-2 所示，再生利用策略涵盖了 FHWA 所列出的维修养护策略的整个范围。冷刨和就地热再生一般归类在路面保值范围内。若不以增强结构承载力为目标，冷再生也归类在路面保值范围。若在冷再生层上加铺一定厚度的面层,则可被归为维修类。全深式再生归类在维修和重建类。

再生利用策略可与其他技术结合使用,例如:

①HIR 与表处或薄沥青层罩面。

②CR 与表处或薄沥青层罩面。

③FDR 与表处或沥青层罩面。

④CP 与表处或沥青层罩面。

⑤CP 后采用 HIR、CIR 或 FDR,然后进行表处或沥青层罩面。

⑥CP 后进行 FDR 和 CCPR,然后表处或沥青层加罩。

维修养护决策过程中最重要的环节是技术或技术组合的合理选择。分析方式通常分为两类:

①路网级分析。

②项目级分析。

在路网级分析中,养护决策往往只由路面状况指数 PCI 所决定,如图 2-2 所示。图 2-2 列明了不同路况水平下沥青再生利用策略的指导意见。

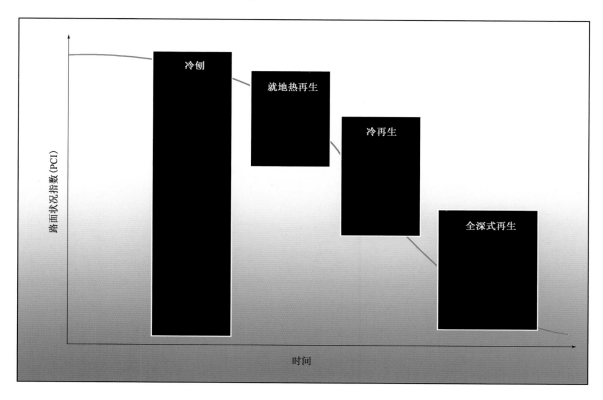

图 2-2　针对不同 PCI 范围的沥青再生利用策略

需要强调的是,路网级分析需要项目级分析的支撑。路网级分析的目的是预估,是为了保证投入的养护资金总量,能够维持整个路网服务水平达到可接受的程度。相比之下,项目级分析是为特定项目路面提供维修养护建议方案。项目级分析一般包括以下几个步骤:

①分析路面损坏类型及损坏程度。

②收集和回顾路面在建设期和后续养护期的历史信息。

③评价现有路面厚度和结构强度。

④确定现有路面材料的力学性能。

⑤确定路面损坏机理。

⑥评估道路几何线形。

⑦收集、选取一些具有潜在可能的养护维修技术。

⑧对潜在技术方案进行初始投资和全寿命周期经济性比较。

⑨选择经济性最优的养护维修方案。

关于养护维修项目级分析的决策流程图如图2-3所示。

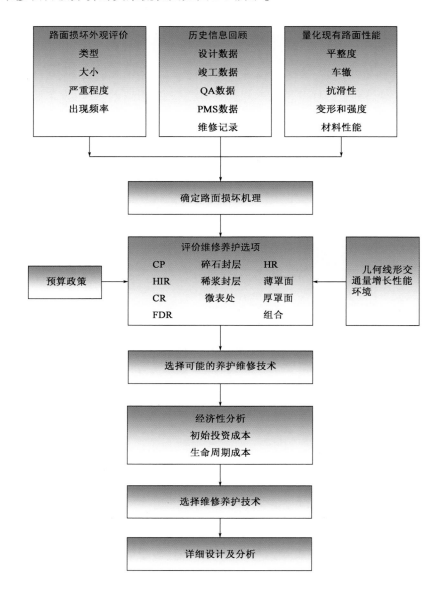

图2-3　养护维修项目级分析决策流程图

条件许可时,可有计划、有步骤分路段进行养护维修。阶段性维修具有额外的优点,就是可以在较长的时间内分配养护资金。相似地,对于那些急需维修的路面,这一点也可以借鉴。但是对于资金不足或者需要在短期内进行几何线形升级/加宽的路面并不适合。阶段性维修可以看作是一种"中断病害扩展"的方法,其目的是为了延迟大中修时限,直到大中修时集中一次性投入资金彻底解决路面病害。像其他所有的维修方法一样,某项技术的成功应用与阶段性维修项目的适应性是关键。

各种维修技术的应用效果和使用性能在各州公路署之间都有一定差异性,这主要取决于:

①当地环境。

②气候。

③交通特性。

④技术类型和材料质量。

⑤施工质量。

总之,各州公路署要求在路面管理系统决策树中须采用再生利用技术,以替代其他传统的维修养护方式。比较传统的维修养护技术,再生利用技术具有大量独特优势,包括:

①循环利用并保护不可再生自然资源。

②保护环境,减少填埋。

③节约能耗。

④缩短建设工期。

⑤降低施工期交通干扰。

⑥保持现有道路高程、几何线形,改善或修正道路纵断面和横坡。

⑦除特殊需要(如 FDR),不对路基土造成扰动。

⑧调整既有路面集料级配和/或沥青性能,提高路面材料力学性能。

⑨减轻或消除路面裂缝。

⑩改善道路使用性能。

⑪节省养护资金。

第3章 路面检测与评价

成功启动再生技术,关键的几个要素是路面管理系统、路网级评价和项目级详细检测。尽管沥青再生利用技术是一项有效的路面保值和维修方法,但并非所有道路都适用每种再生技术。此外,在路网级路面病害评估中,并非所有的再生方法都同等适用于处理各种各样的路面损坏。

养护决策过程及步骤在第2章的策略讨论中已作概述。虽然沥青再生技术与其他传统技术在项目评价过程和步骤方面大致相似,但每种再生技术在一些步骤里有些特定要求,各州公路署在路面管理过程

> 项目评价是确定
> 路面既有状况的
> 基础。

中需要综合分析,主要考虑路网级路面损坏状况评价、项目级评价以及在路面管理系统(PMS)决策树中选择适合的再生技术。正确的决策过程一般包括以下几个方面:

(1)路面的外观评价。

(2)历史信息收集,一般向公路署要记录,有条件时应收集竣工图纸。

(3)路面性能评价,包括路面结构层厚度。

(4)路面损坏状况评估。

(5)初选维修养护方案。

(6)经济性分析。

(7)根据预期交通量进行项目设计。

3.1 路面外观评价

项目评价的基础是通过路况调查和检测评价现有路况水平。路面评价不全面将可能导致选择错误的再生方式,从而无法达到预期的效果。出于谨慎考虑,各州公路署应在路网级评价阶段增加排水状况调查,以确定排水方面存在的问题,在施工前加以改善。最起码,在进行项目级评价阶段,各州公路署需结合进行排水状况调查。

许多州公路署全面采用路面管理系统,路面管理系统中已包含再生技术及其他路面保值及维修技术。合适的再生技术整合在路面管理系统中,且相应路况水平采用适合的再生方式,就形成了选择合理再生方案所需的系统性决策树。

沥青路面的损坏原因可总结为以下因素中的一种或几种:

(1)环境气候影响。

(2)交通荷载作用。

(3)建设缺陷。

(4)材料缺陷。

尽管不同的路面管理系统收集了大量的路况数据,但很难将路面损坏的原因单独归为一种因素,因为上述因素通常互相关联影响。例如,没有重载交通作用,路面就不会出现变形(车辙),但如果温度不是过高,路面也不会出现车辙变形。如果采用合理的级配和合适的沥青胶结料,在施工时充分压实,车辙同样不会发生。因此,车辙形成的原因包括了气候、交通量、施工、材料四个方面,或者四个方面的综合作用。

路面评价须对路况进行详细的外观调查,记录调查区域观测到的路表不均匀、缺陷与破损等所有病害。在路网评价阶段,通常采用人工或检测车完成路面破损检测,如图3-1所示。在项目级阶段,一般进行人工调查,因为对病害精细度要求更高。当然,自动检测系统正在迅速发展,能够基本获得与人工

调查同等的精度。项目级路况检测至少应包含以下方面：

(1)所有病害类型。

(2)损坏程度。

(3)损坏量和/或出现的频率(例如长度、面积、深度或者数量)。

图 3-1　路况检测车

采用病害鉴定指南,路面管理系统通常会提供各种路面病害的详细描述,提供病害测定方法、病害严重程度和损坏频率的量化分级指引。手册中通常会配有图片以直观说明损坏类型及破损程度,指导路况调查人员进行病害调查。许多州的交通部门都有一套自己的内部路面病害鉴定指南,而 FHWA 将《战略性公路研究规划—损坏鉴定指南》(SHRP-LTPP/FR-90-001),应用于长期路面性能研究并在全美通用。在评价鉴定应用过程中保持数据的一致性是十分重要的,一般通过适当的培训、建立控制比较段、对不同调查员进行独立比较来实现。

尽管路面评估方法各有不同,但基本规则是相似的,比如都包括对路况病害类型、病害数量和严重程度进行评估等过程。路面评估经汇总量化为一个数值,如路面状况指数(PCI)、面层损坏指数(SDI)或类似指数。

一般路面损坏分为以下七种类型:

(1)表面损坏。

(2)变形。

(3)裂缝。

(4)既有养护活动。

(5)基层/路基缺陷。

(6)行驶质量。

(7)安全评价。

3.1.1　表面损坏

表面损坏一般与材料和施工缺陷直接相关,其次才是受交通和气候条件的影响。表面损坏包括如下几种。

1)剥落或分化

剥落或风化是指路面表面集料和沥青部分缺失。剥落主要与质量欠佳的沥青混合料(低沥青含量、软集料等)、施工缺陷(压实度不足、混合料离析、设备问题等)、胶结料的老化硬化(拌和时过度加热)、特定交通(粒式轮胎、履带式汽车等),以及环境条件(冻融、干湿、冬季风沙磨损)等因素有关。在一些个别的例子中,汽柴油的泄漏软化了沥青路面,使得集料和胶结料随交通荷载移动,从而导致剥落。剥落和风化在自然状况下是逐渐发展的,首先细集料剥落,损坏状况进一步加重为粗集料剥落。剥落一般也由集料的黏附性较差引起。

2)坑槽

坑槽是指路面的碗状破坏,即路表有相当厚度的部分发生了局部脱离,如图3-2所示。坑槽一般直径小于750mm(30in),深度大于10mm(3/8in),边沿锋利,顶端有垂直面。坑槽可能与沥青混合料性能不佳(沥青含量低、集料强度低)、施工缺陷(压实度不足、混合料离析)、结构性问题(路面厚度不足、基层承载力不足),以及环境条件(冻融循环等)因素有关。通常,坑槽问题的出现说明了路面结构已经达到了严重的龟裂阶段。

图3-2　坑槽

3)泛油

泛油是指路表外观出现了镜面反射反光现象,如图3-3所示。泛油一般是因为多余的沥青迁移到路表,导致不可逆的沥青膜出现,气温较高时会有黏性,雨天会打滑。泛油与沥青混合料性能不佳(沥青含量高、沥青过软等)、施工缺陷(黏性过高、黏层油用量过大等)、气候条件(温度过高)、交通影响(交通量太大)等因素有关。表面碎石封层(Chipseal)泛油也可能发生,一般是因为沥青含量过高、集料用量太少,或者集料损失过多。

图 3-3　沥青路面泛油

4）摩擦系数降低

摩擦系数表征路面与轮胎之间的摩擦力大小程度。摩擦系数过小的路面过于光滑,缺少纹理。摩擦系数衰减是粗集料在交通荷载的作用下被逐渐磨平的过程,一般是一个渐进发展的过程,可以通过测试方法检测到。湿路面的摩擦系数会减小;如果粗集料离析,摩擦系数也会降低;还有,如果集料棱角性不够,不足以提供粗糙的表面纹理,或者被交通荷载作用磨光,都会造成摩擦系数不足。含有抗磨耗矿物成分的集料具有不同的磨耗性能,可以不断更新路面纹理,保持较高的摩擦系数。

5）车道/路肩陡降

车道/路肩陡降是指路面车道和路肩结构或路面外边缘与未铺筑路面处之间出现的高差。这种损坏可能是路肩侵蚀作用、沉降作用或者是加铺沥青层时没有抬高路肩造成的。路肩陡降存在安全隐患,因此在工程评估和维修阶段必须进行处理。图 3-4 展示了一位路面损坏调查员正在测量路面车道和相邻路肩沉降差,以确定损坏严重程度。

3.1.2　变形

沥青路面可能会在交通和材料缺陷的情况下出现永久变形,继而受施工缺陷和气候条件的影响进一步加剧。变形发生的原因通常是交通荷载作用和沥青混合料沥青含量高、沥青过软、细料过多、砂含量过高、粗集料过于光滑圆润以及压实度不足等导致的稳定性不足。变形包括如下几种。

1）车辙

车辙或永久变形包括纵向下陷或轮迹带凹槽,测量车辙深度如图 3-5 所示。车辙变形有着不同的机理。

（1）基层或其他较软层引起的永久变形,这种状况导致基层之上的所有路面结构层出现变形,包括沥青面层。这种车辙往往横向较宽,呈碗状,最大变形量发生在靠近车辙中心的位置,轮迹带外临近车辙的路面无明显竖向变形。

（2）沥青面层引起的永久变形,原因包括:

图 3-4　县道严重路肩陡降

图 3-5　测量车辙深度

①施工期压实度不足,导致路面混合料在交通荷载作用下进一步压密。这种车辙深度较浅,往往仅限于表面层,且随时间的延长逐渐稳定。轮迹带外临近车辙的路面无明显竖向变形。

②剪切变形,通常与荷载作用下混合料失稳有关。这种车辙通常伴随着路面与车辙连接处的竖向位移,形成"车辙连车辙"或"W"形车辙,宽度较窄或中等。

③压密和剪切复合型变形。

④沥青面层内沥青或集料剥离,在与周围路面连接处没有明显的竖直边缘。

⑤在交通荷载作用下表面层磨损。这种车辙通常与集料松散相关,但有可能是因为压实度不足或钉刺车胎/防打滑轮胎链条所致。车辙内的表面纹理外观松散,车辙宽度往往较窄。

通常在雨后车辙内积水,使得车辙更为明显。随着车辙深度增加,车辙积水也增加,使摩擦系数降低,增大行车积水打滑风险。

2)波浪

波浪是路面出现一系列密集"峰、谷"相连或"涟漪"的现象,最先出现于轮迹带位置。波浪形状规则,波长相近,垂直于行车方向。波浪常产生于车辆起步/制动时或车辆在陡坡上下坡时急剧起步/制动时。自然条件下,波浪的发展是渐进式的,始于小的缺口或凹痕,并在交通作用下逐渐扩大。

波浪有时会出现在新混合料的压实过程中,这种波浪波长较短,典型原因是钢轮振动压路机操作不当。当压路机行进速度大于每英尺(或每米)振动次数所需速度时,波浪就可能会发生。

3)推移

推移是一种路面局部区域的永久性纵向位移,由交通流剪力作用导致,多发生在交叉口以及与混凝土构造物相接的路面区域。

3.1.3 裂缝

沥青路面裂缝有三种基本形式:荷载相关型,非荷载相关型以及复合型。荷载相关型裂缝是由于重型轮载的重复作用形成的。非荷载型裂缝则与环境因素相关。复合型裂缝则结合了荷载型和非荷载型多重作用。

1)荷载相关型裂缝

(1)疲劳裂缝

疲劳裂缝是一系列纵向裂缝,由路面结构在重交通重复作用下的疲劳破坏所引起。疲劳裂缝通常从沥青层底部开始发展,因为在轮载作用下底层拉应力最大。裂缝传递至表面层,最初呈现一系列纵向平行的或沿轮迹方向的裂缝。近期研究表明,对于较厚的沥青路面,疲劳裂缝也有可能产生于路表面并向下发展(自上向下疲劳开裂)。自上向下疲劳开裂的产生机理目前还在调查当中,但可以确定其最初是沿轮迹带纵向开裂并向下发展。

(2)龟裂

龟裂是疲劳裂缝进一步恶化的结果。纵向的裂缝与横向裂缝相互连接,形成边缘锋利的棱柱形的碎块,外观像龟甲,如图 3-6 所示,故以此命名。龟裂一般是荷载损坏,但也受其他很多因素影响。龟裂一般预示着基层损坏、排水不佳或者重复施加了过重荷载。龟裂产生于沥青层底并向上发展。

(3)边缘纵向开裂

边缘纵向开裂是发生在沥青路面外边缘的纵向裂缝,长度一般在 $300 \sim 600\text{mm}(12 \sim 24\text{in})$ 之间。对于没有路肩或部分铺砌路肩的路面,交通荷载会加重边缘开裂。边缘开裂最初是由路肩横向支承不足或路基进水、排水不佳,霜冻或压实不当造成的路基薄弱所引起的。

(4)滑移裂缝

滑移裂缝的典型表现是垂直于行车方向的新月形或半月形裂缝,如图 3-7 所示。滑移裂缝通常发生在车辆制动或转弯处,由于新加铺的面层与底层之间黏结差,在车辆作用下使路面滑动或变形。层间黏结差可能是因为沥青层摊铺前表面受到污染,或者黏层油洒布不足造成。

图 3-6 沥青路面严重龟裂

图 3-7 沥青路面严重滑移裂缝

2）非荷载相关型裂缝

（1）块状开裂

块状开裂包括一些连通的裂缝,将路面分割成大块的边角锐化的类似矩形的碎块,如图3-8所示。块裂的尺寸在300mm×300mm(12in×12in)到3m×3m(10ft×10ft)之间。块裂通常发生于大块沥青路面的区域,偶尔也会发生在非交通区域。有时候很难判断块裂发生是由于沥青路面的体积变化还是基层/路基材料的原因。大多数情况下,由于气温变化,导致了路面张拉循环应力,从而导致块裂出现。块裂也表明沥青胶结料出现了明显老化。

图3-8　块状开裂

（2）纵向裂缝

纵向裂缝包括一系列平行于道路中心线的裂缝。这些裂缝会沿施工时压路机压实相邻部分的接缝发展或沿车道中心线发展。薄弱的施工压实接缝、侧向有无支挡以及损坏的摊铺机螺钉/推平板都会加剧纵向裂缝的发展。

（3）横向（温缩）裂缝

横向（温缩）裂缝包括以一定角度横贯路面至中心线或沥青混合料沉降方向的裂缝,如图3-9所示。起初出现的是一条裂缝,但在交通影响下发展成多条或麻花状裂缝。在多数情况下,温缩裂缝发生于沥青路面顶部并向下发展穿过面层直到基层。

由于沥青路面在低温下收缩、沥青硬化以及日夜温差大,导致了沥青路面的温缩开裂。温缩裂缝通常间隔较宽,相距15～300m(50～1 000ft)。随时间的变化,裂缝密度增大,或者说裂缝间隔变小。对于确定的环境条件,温缩裂缝发生的频率与混合料最初所用沥青的温度敏感性直接相关。

（4）反射裂缝

反射裂缝是摊铺加铺层前,下卧层既有的裂缝反射到面层形成的裂缝。反射裂缝是由下卧层的水平或垂直位移产生的应力集中引起的,形状可能是纵向、横向或随机的,这取决于下卧裂缝的形状。下卧层裂缝可能是由于现有路面的损坏或底基层的温缩裂缝所导致的。

图 3-9　横向裂缝

3）荷载和非荷载复合型裂缝

（1）接缝反射裂缝

接缝反射裂缝出现在水泥混凝土层上直接加铺沥青层的"白加黑"路面结构上。由于温度或水分引起水泥混凝土胀缩，反射裂缝一般位于混凝土层接缝处，最初的反射裂缝是非荷载型的，但交通荷载通常会加剧裂缝处的沥青路面破坏。这些裂缝从一条发展为麻花状，再发展为网状碎裂，直到沥青路面成片脱落。

（2）不连续裂缝（沉降裂缝）

不连续裂缝（沉降裂缝）发生在整个路面横截面结构有明显差异处，如厚度、材料类型或老化程度不同处。这种裂缝在道路加宽接缝处十分典型。不连续裂缝是由现有路面和加宽后的路面结构差异沉降引起。若该接缝发生在轮迹带或其周围，开裂情况往往会变得更加严重。

3.1.4　既有养护活动

养护活动包括表面修补、破损修补、坑槽修补、公共设施沟槽修补/修复、封缝、雾封等。这类面层养护活动通常用于修复路面缺陷，无论修补质量如何好，一般还认为是缺陷。养护活动修补区域或其附近的路面性能不如完整路面，不管养护活动维护的如何好，通常都造成路面平整度下降。面层处理如雾封层、碎石封层、稀浆封层、微表处等可能部分或全部掩盖现有路面的损坏，路面损坏调查员也应该记录这类表面处理是否存在以及其路况现状。

3.1.5　基层/路基缺陷

路面块裂、网裂、沉降、凹陷和结构性车辙通常是由于基层或路基缺陷所致，薄层路面结构尤其典型。湿软基层或路基因结构强度和承载能力低，部分基层和路基材料易于开裂、唧泥或推移。出现问题的基层和路基可能因为受到与道路连接处排水不畅的影响，必须对沟渠、涵洞排水条件、地下水分布等因素进行综合分析,评价其对路面损坏的影响。基层/路基问题的严重程度、病害位置以及出现频率,能很好地说明现有路面整体结构的完整性。与基层/路基问题相关的损坏类型如下。

（1）膨胀。其特征是路面向上推移形成渐进式大波浪,长度大于3m(10ft),膨胀通常是由于冻胀或膨胀土造成的。

（2）拥包。其特征是路面形成小的局部的向上推移,造成推挤的原因一般是膨胀土局部霜冻,裂缝中不可压缩材料渗透和膨胀,或下面层混凝土板屈曲或凸起导致拥包。

（3）凹陷。是路面突然向下发生小的推移,通常最初是下面的基层或路基发生沉降或缺损（图3-10）。当凹陷与裂缝同时出现时,有时称为下陷或杯状下陷。

图3-10　住宅区附近的严重凹陷

（4）坑凼。是局部地区略低于周围路面,除非是雨后积水形成水洼,否则很难被发现。坑凼通常是由基层或下卧土的固结沉降所导致的,它加大了路面的不平整,并且坑凼足够深的话,积水后很可能导致安全危害。

3.1.6　行驶质量

评价道路服务水平须对行驶质量进行评估。检测行驶质量指数时,需让标准检测车以标准速度行驶。交叉口或停车标志附近的路段需在低速下测试。用平整度相关指标客观表征路面行驶质量,如国际平整度指数(IRI)、平均平整度指数(MRI)、断面指数(PI),或者行驶指数(RI)等。

3.1.7　安全评价

尽管安全评价不是一般意义上的路况评价,但仍需将其作为项目评价的一部分进行考量,评价包括:

（1）摩擦系数。

（2）路表总体状况。

（3）边坡和毗邻建筑物。

（4）车道标识。

（5）路侧障碍。

摩擦系数、车辙和总体路面状况是评价安全风险的最常用指标。

3.2 历史信息回顾

历史或既有信息需要在项目开发过程中进行回顾,且应最大可能地收集和评价以下信息:

（1）原始设计资料。

（2）竣工验收资料。

（3）施工/检验数据。

（4）路面管理系统(PMS)数据。

（5）养护活动记录。

各州公路署项目的历史信息量波动较大,但历史信息越多,越容易确定现有路面损坏的原因以及应当采取的养护维修措施。

3.3 路面性能评价

在路表外观评价阶段,要对路况进行客观分级。为获取更充分的数据来确定路面损坏的原因,需要对现有路面性能进行定量分析,包括对路面力学性能(现场测定和试验室试验)的确定。通常需要测量的路面性能包括:

（1）平整度。

（2）车辙。

（3）摩擦系数。

（4）结构承载力。

（5）材料特性,如厚度、集料级配、沥青含量等。

3.3.1 平整度

路面颠簸降低了行驶质量,同时会加速路面破坏。路面颠簸对行车的影响程度取决于一系列因素,包括路面不平整的幅度和频率、车辆的悬浮特性和车速等。

检测路面平整度的设备和方法有人工直尺法和高速非接触自动检测法。选取设备和方法根据检测速度、精确度、样本容量和州公路署要求确定。通常,平整度一般以某指数的临界值来表征,具体可为国际平整度指数(IRI)、平均平整度指数(MRI)、断面指数(PI),或者行驶指数(RI)等。

国际平整度指数(IRI)是大多数州公路署目前采用的评价路面平整度的通常指标,因为其适用于各类路面,并涵盖了所有平整度水平。采用不同方法和设备得到的其他平整度指数尽管并不通用,但其与IRI值有很好的相关性,均可转化为IRI指标。

路面平整度可以用来表征路面服务水平,并可直接与车辆营运费用相关。路面的初始或竣工时平整度直接影响其服务寿命,因为平整的路面一般更加耐用,并且需要投入的养护费用也更少。平整度是决定路面是否需要采取养护措施的最基本指标。

3.3.2 车辙

随着路面车辙的加深,道路安全性也随之降低,因为严重的车辙会对道路上行驶的车辆造成不利影响。行车安全性受到下列因素影响:

（1）车辙形状和深度。

（2）车辆类型和速度。

（3）轮胎种类和磨损程度。

（4）路面排水状况。

（5）路表状况。

（6）降水强度和持续时间等。

车辙可以通过人工方式或采用激光断面仪等自动检测设备检测。最常用的方法是在车辙处交叉地放置标准直尺，直尺一般长 4 ~ 10ft(1.2 ~ 3m)，用以测量车辙从顶到底的深度，如图 3-5 所示。这说明车辙的最大深度和直尺的长度相关。车辙是决定路面是否需要采取养护措施的第二大指标。

3.3.3　摩擦系数

路面抗滑问题比较复杂，取决于路面、车辆、环境和驾驶因素的相互作用。路面抗滑性能一般以摩擦系数来量化，摩擦系数取决于路表的宏观和微观构造。宏观构造取决于集料的粒径和形状（具体定义见 ASTM E867），其中路面二维平面的波长和振幅特性尺度偏差从 0.5mm(0.02in) 倒不影响车轮与路面相互作用的尺度。微观构造是集料的矿物特性，规定为路表二维平面波长和振幅特性尺度小于 0.5mm(0.02in)。随着交通荷载的作用，路面的摩擦系数会逐渐下降。造成摩擦系数随时间和交通荷载衰减的因素包括：

（1）路表集料磨光。

（2）车辙。

（3）泛油和沥青析出。

（4）表面空隙被堵塞或污染。

目前有许多方法和设备可用于在不同模式下检测摩擦系数。标准测试法（如 AASHTO T 242 和 ASTM E274），可以用足尺轮胎试验来确定路面摩擦性能。

3.3.4　结构承载力

路面未来承载一定交通荷载的能力与其结构承载力或强度直接相关。结构承载力可通过现场非破坏性挠曲试验或根据各层强度和厚度进行理论估算。常采用破坏性和无损检测方法相结合的办法，以获取路面的厚度、材料和动态模量。

为确定各层厚度，取样进行试验室检测，通常采用钻芯取样、开挖探坑等破坏性或侵入性方法，图 3-11 展示了沥青路面钻芯操作。应用探地雷达（GPR）来检测路面厚度可以有效减少芯样数量。然而，还是需要一定数量的芯样来验证探地雷达的检测结果。

获得沥青面层逐层厚度，并通过室内试验获取材料性能参数之后，就可以通过材料等价关系对现有路面结构进行数学建模，并将路面结构转化为单纯的数值，如 AASHTO 的结构性参数（SN）、砾石等效（GE）或粒料基层等效（GBE）。随后可以将这种计算数值与预期交通荷载所需的最小值进行对比。

材料等价的数值随材料、地区和州署的不同而有很大变化，采用不同地区或州署的材料等价方法需要证明其适用性。需要注意的是，这种方法有一定的不确定性，因为用以建立等价关系的方法具有经验性。

评价路面性能更精确的方法是力学—经验法，它消除了结构等效的概念。相应地，材料的力学性能（如模量和泊松比）被用来预估交通荷载造成的应力应变发展。随后将应力应变用于室内性能试验和转换函数，来预测路面损坏情况。

用以评价现有路面结构承载力的无损检测方法，指的是通过测定路面在荷载作用下的回弹或变形。形成的弯沉盆信息可以用来确定基层的回弹模量、路面有效模量和各层模量。

无损挠曲试验设备可以分为三大类：

（1）静态弯曲或慢行设备。

图 3-11　用于确定路面结构层厚度的钻芯取样

（2）振动设备。

（3）动态冲击设备。

静态弯曲或慢行设备包括贝克曼梁、平板荷载试验等，这些设备使用简便，成本较低，但获取数据时间较长，在获取数据过程中的人员安全问题也值得注意，而且较为耗费人力。此外，这种检测不能精确模拟运动的车轮荷载作用，因此并不推荐使用。

振动设备包括动力式弯沉仪、道路测试仪、WES 重型振动器等。这些设备可以测量自加载起几段距离的变形，而不是一个点的变形，因此可以获得弯沉盆数据，且具有易操作，获取数据快，可重复性高的优点。然而，这类设备价格昂贵。此外，路面加载的荷载一般远低于实际轮载，因此需要对数据进行校正。

动态冲击设备包括落锤式弯沉仪（FWD）和轻型弯沉仪（LWD），它们通过精确模拟运动轮载，具有良好的可重复性，而且可以自动快速获取数据。动态冲击设备价格昂贵。FWD 设备需要进行定期校正，并要由经验丰富的技术员操作。LWD 设备，顾名思义就是轻型的可以单人操作的设备，与 FWD 相比要更廉价。FWD 和 LWD 的数据都要进行后续分析以确定路面结构承载力。FWD 是最常用也是接受度最高的方法。图 3-12 是 FWD 设备，图 3-13 是 LWD 设备。

3.3.5　材料特性

每个项目现场应采用固定间隔的办法取样。试样位置需明确并记录下来，同时，要沿道路宽度断面随机多点取样，以获取轮迹带内外的样品。如果需要对特定破损区域额外增加取样，则所取试样需与项目整体评估的芯样区分开来。

现场取的试样需要进行以下测试：

（1）沥青路面密度，沥青含量，集料级配、形状和棱角性。

（2）沥青路面空隙率，回弹模量和动态模量（有时）。

图 3-12   落锤式弯沉仪

图 3-13   轻型弯沉仪

（3）回收沥青的 PG 分级、针入度、沥青的绝对黏度和动力黏度。

（4）基层/底基层/路基的级配、含水率、棱角性、塑性指数，有时还有 R 值、加州承载比 CBR 或回弹模量。

通过路面芯样评价沥青胶结料的剥落情况，如集料无沥青裹覆、集料断裂以及过多水分残留等现象。旧路面的水分残留和水损害程度将影响路面维修方案的选择，但因为取芯时需用到冷却水，沥青混合料水分残留和沥青剥落问题常常被人们忽视。

3.4 项目破损机理评价

路况外观评价、历史信息回顾、钻芯取样材料性能测试的结果用来确定路面破损原因。若路面损坏的原因不能确定，则需要进一步检测鉴定，以充分了解路面损坏的机理。各类路面损坏和可能的导致因素如表 3-1 所示。

路面损坏和可能的导致因素　　　　　　　　　　　　　　表 3-1

路面损坏模式		导致路面损坏的因素					
		基层/路基	沥青性能	交通	环境	施工	路面结构
表面损坏	剥落	░	■	░	░	■	░
	坑槽	░	■	░	░	■	░
	泛油		■	░		■	
	打滑		■			░	
变形	路肩塌陷	■				░	
	车辙—磨耗		■	░		■	
	车辙—失稳		■	░		░	
	车辙—深层结构	■		░			■
	波浪	░	░			■	░
	推挤						■
荷载型裂缝	疲劳开裂（自下而上）	■	░	■			■
	疲劳开裂（自上而下）		■	░	■	■	■
	边缘开裂	■					░
	滑移裂缝	░			■	■	
非荷载型裂缝	块裂		■		■		
	纵向裂缝				■	■	
	横向裂缝		■		░	■	
	反射裂缝	■			░		░
综合型开裂	接缝反射						■
	不连续开裂						■
基层/路基缺陷		■					░
行驶质量不佳		░	░			░	░

影响概率大　　　　　　　　　　　　　　影响概率小

3.5 初选养护维修方案

在确定了路面损坏的原因之后,就需要选择合适的养护维修方法。养护维修方案常常需要各种技术综合使用,例如先进行沥青层冷铣刨(CP),然后进行路基土就地拌和固结,再将沥青旧料厂拌冷再生(CCPR)为下面层,最后加铺沥青面层。

确定潜在的维修养护方案,应按以下步骤进行评价:

(1)路面损坏的类型和严重程度。

(2)现有沥青路面面层强度是否足够,质量是否适合再生,如果不合适,可否通过维修养护过程加以改善。

(3)现有基层/路基强度和质量是否足够或者是否需要进行全深式再生(FDR)加以改善。

(4)表面层、下面层排水条件是否畅通。

(5)养护维修预计的设计使用年限。

(6)设计年限中预期的交通荷载。

(7)维修养护技术需要实现的性能指标,如行驶质量等。

(8)现有结构是否能够承载施工设备。

(9)现有路面结构承载力是否足以承载设计年限内的交通荷载,如果不能,需要采取何种维修养护手段。

(10)几何尺寸是否需要调整,如道路线形,宽度等。

(11)需要关注的安全问题,如护栏安装和桥面净空限制等。

(12)可能受影响的地表或地下设备/结构的类型及位置。

(13)施工期内的环境因素,如温度、降水等。

(14)施工限制如交通导改要求,作业时间限制,平纵曲线半径,路面宽度、净空、阴影区、排水结构、边沟和护栏等。

(15)相邻公共及商业区的影响。

(16)工程规模(可将多个小型项目组合成一个较大型项目以形成规模效应)。

(17)经验丰富的承包商,试验室,材料供应商和设备。

(18)可用工程预算和净节支。

(19)可持续性优点,如重复利用材料、减少温室气体排放等。

再生利用技术有多种,可单独或结合使用,来养护和维修路面,这些再生方案包括:

(1)HIR 表面再生 + 雾封层。

(2)HIR 表面再生 + 表面处理或加铺沥青层。

(3)HIR 复拌再生作为表面层。

(4)HIR 复拌再生 + 表面处理或加铺沥青层。

(5)包括沥青加铺的 HIR 复拌再生。

(6)冷再生(CIR)/CCPR + 表面处理或加铺沥青层。

(7)CP 结合或不结合表面处理或加铺沥青层。

(8)在 HIR、CIR/CCPR 或 FDR 之前进行 CP。

(9)FDR 结合表面处理或加铺沥青层、混凝土层。

(10)CP 与 FDR、CCPR 结合表面处理或加铺沥青层。

表 3-2 列出了初步选择沥青路面再生利用技术的一般准则。

路面损坏模式		再生养护/维修技术				
		CP	HIR	CR		FDR
				CIR	CCPR	
表面损坏	剥落					
	坑槽					
	泛油					
	打滑					
变形	路肩塌陷					
	车辙—磨耗					
	车辙—失稳					
	车辙—深层结构					
	波浪					
	推挤					
荷载型裂缝	疲劳开裂（自下而上）					
	疲劳开裂（自上而下）					
	边缘开裂					
	滑移裂缝					
非荷载型裂缝	块裂					
	纵向裂缝					
	横向裂缝					
	反射裂缝					
综合型开裂	接缝反射					
	不连续开裂					
基层/路基缺陷						
行驶质量不佳						

最适合　　　　　　　　　　　　　最不适合

3.6　经济性分析

通过经济性分析以评价不同维修方案的优劣。经济性分析不仅要考虑初始建设投资,更要考虑整个路面全寿命周期费用。全寿命周期成本分析包括一个固定的全寿命周期内相关的所有费用和效益,包括:

(1)初始建设成本。

(2)未来养护维修费用。

（3）残值（剩余价值和可服务寿命）。

（4）工程管理成本（若需要）。

（5）维修养护期间用户费用（行驶时间、车辆操作、撞击、不适、拥堵延误成本以及额外费用）。

其他需考虑的因素包括美学、污染、噪声等，但这些因素难以量化，通常通过主观判断解决。

有几种不同的经济学模型可以采用，包括：

（1）净现值法。

（2）年均成本法。

（3）回报率法。

（4）收益成本比法。

（5）成本效益法。

净现值法是交通领域最常用的方法，它包括对所有成本和效益的综合，依据分析阶段不同时期的费用贴现，将其折算为当期的单一总额。

年均成本法结合了所有初期投入和未来发生的费用，整合为分析期内的年平均支出。

回报率法考虑投入和效益两个要素，一般可定义为：按项目固化同等的投资回报率（成本/利润），或者按照同等的投资率需要获得同等的收益率来确定。

效益成本比例法（BCR）包括当前收益/当前成本，或等值年均收益/等值年均成本。收益量可由各种备选方法比较而得。

成本效益法一般用于分析非营利的具有明显社会效益的项目，需通过额外开支来建立效益经验评价方法，以确定可获得的全部效益。

无论采用哪种经济模型，需考虑的首要因素是确定维修养护方案的服务寿命。服务寿命是指道路维修后，直到下次维修的间隔期。服务寿命在各地区和州公路署都有所不同，一般的服务周期在本指南的合适章节里进行了说明。另外，合适的路面修护方案可以延长道路的服务寿命并可大量节约长期寿命周期成本。

下一个需要确定的因素是分析期或全寿命期限。FHWA建议，分析周期应该足够长，并包含至少一次道路修复。分析周期长短由州公路署政策决定。

选择适当的贴现率可以减少未来的开支。贴现率不能与利率混淆，后者与贷款相关。用于经济分析的贴现率由政策决定，而且通常是有效利率或者预期利率和预期通胀率差。FHWA将4%作为交通项目常用的贴现率。

残值，指的是在分析周期末资产剩余值，残值应纳入经济分析。残值包括资产剩余价值和可服务寿命。

3.7　基于预期交通荷载的工程设计

在设计使用寿命内，需要评价现有路面的结构承载力，并推荐相应的养护维修方案，以满足预期交通荷载条件下路面使用性能需要。若现有路面结构承载力需要提高，则各州公路署需要通过验算来确定拟加铺的结构层厚度。

第二部分 冷刨(CP)

第4章 冷刨

冷刨,一般是指使用专门设计的铣刨设备将现有道路面层剥离适当厚度,以恢复路面特定的纵坡和横坡。

冷刨或铣刨设备的发展始于 20 世纪 70 年代末,横坡微调控制仪被改进并应用于铣刨机。之后铣刨设备的尺寸、功率、铣刨宽度、铣刨深度、产量及性价比都有了显著的发展。冷刨已经成为沥青路面材料回收的推荐手段,在施工中得到普遍应用。

冷刨可用于剥离部分或全部面层,而且可以用于铣刨基层和路基。选择合适的铣刨方式,可有效解决层间黏结问题,甚至可以作为临时路面使用。

CP 广泛用于以下工况:

(1)铺设沥青罩面(热拌或温拌)或进行其他路表处理前,以改善行驶质量,达到规范平整度的要求。

(2)改变现有路面的横纵坡。

(3)为现场热再生(HIR)、冷再生(CR)、全厚再生(FDR)、沥青罩面等施工提供合适的作业面或坡度。

CP 可处理的路面病害有:

(1)松散。

(2)泛油。

(3)路肩塌陷。

(4)车辙。

(5)波浪。

(6)拥包。

(7)剥离恶化、剥落或沥青老化面层。

(8)膨胀、拥包、凹陷和沉降引起的行驶质量差。

(9)路缘石外露高度不足。

沥青面层铣刨后呈粉碎状的材料,一般称为回收沥青路面材料(RAP),可大量应用于热再生、冷再生或作为粒料使用。

4.1 CP 工程计划与准备

第 3 章介绍了前期工程评价、经济分析和维修方案初选等,下一步就是详细的工程分析,最后进行最终的工程设计与施工。CP 与其他路面维修方式综合使用。详细的工程分析由沥青罩面、热再生、HIR、CR、FDR 等后续维修方案主导。本章的详细工程分析仅局限于几何尺寸评价和施工问题。

由于不同型号和功率的铣刨设备很多,其通常可处理大多数宽度、形状和断面的道路,适应各种几何尺寸的道路铣刨。经铣刨机铣刨后的路面搭接处不会对原路面结构形成破坏,这使得 CP 能够处理大多数几何形状路面。通常,跨线桥净空能满足 CP 设备甚至是大型铣刨设备要求,但仍应检查工程区域内低净空跨线障碍物。

施工问题主要涉及交通调控和地下障碍物。由于 CP 生产效率相对较高,而且清理完松散碎石后路面仍保持稳定,可立即开放交通,因此交通中断时间能做到最短。需检查工程区域内的地下设施、废弃铁路或有轨电车线路、检修孔及其他铸件,这些设施通常可在既有规划中查找,但仍需根据业主要求对地下障碍物进行检测调查。另外,施工前需进行独立的现场核实,以减少意外情况的发生。铣刨过程中出现地下障碍物时,铣刨刀具、铣刨滚筒和发动机都会受到损伤,铣刨人员安全也会受到威胁,相应的造成封闭交通时间延期、影响公众出行、维修成本加大及安全风险扩大等不良局面。

CP实施前需进行施工组织计划与准备,这些准备工作会使得铣刨后路面纹理更好,而且能够提高设备利用率及生产效率。CP施工前应采取的准备措施包括:

(1)详细的安全评价。

(2)设施定位。

(3)制订详细的交通组织计划。

(4)评价现有路面状况。

(5)确定回收路面材料(RAP)转移及处置方案。

(6)CP操作所需水的供应。

(7)确定施工分段。

为了减少对交通的影响,越来越多的CP在夜间进行,这些准备工作显得越来越重要。

4.2 CP设备

CP应满足以下最低设备要求:

(1)自行式铣刨机。

(2)拖运卡车。

(3)洒水车。

(4)扫路机或机动扫帚。

(5)交通维护设施。

其他细部结构和过渡段还需要以下附加设备:

(1)手持式凿岩机。

(2)小型铣刨机。

CP设备可能会随承包商变化,但CP施工均需遵守以下步骤:

(1)从路面铣刨获取RAP。

(2)将RAP再生或运至存放点。

(3)清扫铣刨后的路面。

(4)采用冷拌沥青料放缓边坡。

(5)摆放交通控制标志。

CP设备有各种型号,从用于井阀周边局部铣刨的微型铣刨机(图4-1),到半车道铣刨机(图4-2),到单程处理宽4.9m(16ft)、厚300mm(12in)的大功率全车道铣刨机(图4-3)。

现代铣刨机的整机重量和功率与路面铣刨宽度和厚度相匹配,不同的牵引力要求对应有相应铣刨机的规格。铣刨机装有3~4个履带以承受荷载,保持机动性和牵引力。部分铣刨机还装有硬质橡胶轮胎以提高移动性。通常,每个履带或轮胎都配有单独的液压马达驱动。为提高在光滑表面的牵引力,通过不同的牵引锁定装置将动力从发生滑移的履带转移到牵引履带。橡胶/聚氨酯履带能够提高牵引力并减小对道路表面的损伤,如图4-4所示。

铣刨机可采用前操纵、后操纵或全履带操纵,这能够提高铣刨机的可操作性。某些道路交叉口小半径弯道的铣刨,如图4-5所示。操作便利能保证铣刨机到达大多数区域,提高生产效率,降低成本。

铣刨机的滚筒有各种尺寸,有些还能够进行伸展。滚筒运转方向通常是向上切割,即与铣刨机的行进方向相反。但冷再生过程中铣刨机可通过向下切割模式对材料进行分级。大多数滚筒的传动系统由柴油发动机、离合器、变速器和传动装置驱动组成,滚筒内的传送装置含有一些小的液压动力系统。现代化装备配备了自动动力控制装置,能感知由于材料状况/硬度不同造成的滚筒的压力变化,据此调节铣刨机的前进速度,以保证在不超过动力系统负荷的情况下达到最佳性能。

图 4-1　微型铣刨机

图 4-2　半车道铣刨机

图 4-3　大功率全车道铣刨机

图 4-4　提升牵引力的履带

　　铣刨齿(通常也称为刀具)有不同的规格,可根据生产效率、项目或铣刨纹理要求进行配置。刀具的磨耗与损坏使其需要定期更换,因此,刀具设计为易更换的结构。最常用的刀具为圆锥形碳化钨刀具。近年来发展出现了耐磨性更好的金刚石刀具以及能够产生不同表面纹理的其他形状刀具。刀具螺旋式排列，能不断将再生材料转送至滚筒的中心，进而进入传送机，如图4-6所示。

图4-5　铣刨机城市作业

图4-6　滚筒上碳化钨刀具螺旋排列

一些铣刨机有不同尺寸的外胎,在铣刨前对路面施加一定压力,将路面破损部分保持在原位,保证大块部分不会被滚筒翻松破坏。提高滚筒转速或减小铣刨机行驶速度有助于 RAP 分级,但仅靠铣刨机无法完全控制 RAP 级配和最大粒径。

滚筒后的重型刮板或推板用于收集 RAP。刮板通常采用碳化钨或硬质金属涂层以提高耐久性。调节推板上的压力以避免履带驱动系统牵引力损耗。滚筒两侧的侧板用于控制纵坡,保持滚筒内室的材料。侧板可上下伸缩以适应水泥块路缘石或已铣刨区域。

铣刨沟渠边缘路面时,建议在沟渠侧预留部分路面以利铣刨机行进,之后与沟渠同步开挖。提升滚筒室后部铲运机铲刀,使得部分 RAP 能够进入拖运车,部分 RAP 留在沟渠内。对于某些铣刨机,可将刮板留空,不使用装载运输机,将 RAP 堆成料堆。

铣刨过程中会使用少量水以控制产生的灰尘量并延长刀具的使用寿命,水由铣刨机携带的储槽供应,并由水车补充。根据铣刨尺寸的不同,水的消耗量为 380 ~ 3 800L/h(100 ~ 1 000gal/h)。

大多数铣刨机配备有自动坡度控制系统,以精确控制铣刨后路面的纵坡与横坡,控制系统包括一个或多个独立运行的自动整平系统和其他不同的传感器。现有传感器通常是机械和超声波的组合,GPS 纵坡控制系统近年来也得到发展,对坡度要求很高时也会使用激光传感器。

铣刨机一侧配备多个坡度传感器,如图 4-7 所示,得到控制线。铣刨机一侧或两侧使用控制线放样时,铣刨后的路面平整度会得到提高。控制线长度一般在 4.6 ~ 10.7m(15 ~ 35ft)之间,并可适当放大。使用控制线时突起和凹陷会相互抵销。控制线越长,相互抵销越多,但铣刨深度会发生变化,与控制线长度无关。如果项目要求准确的铣刨深度,则不能使用控制线进行放样,应在铣刨中心线处使用一个传感器。铣刨机配备的坡度传感器可以与深度传感器同时使用,用于控制纵坡和横坡。

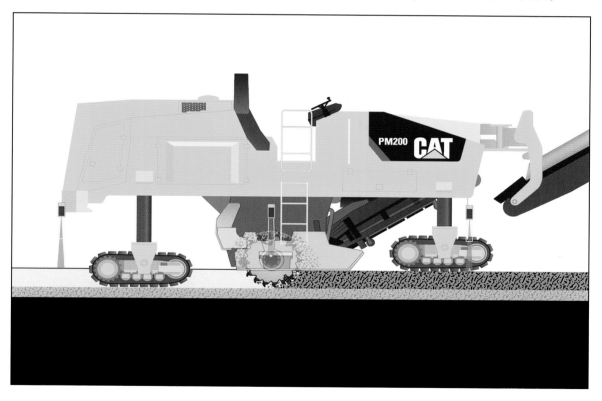

图 4-7   冷刨机配备 3 个坡度传感器

4.3   CP 操作

CP 的质量保证包括铣刨机后方定期深度和坡度检测,如图 4-8 所示,用铺砂法测定铣刨后表面纹理。测试频率参照业主项目技术标准要求。铣刨规范要求的技术指标通常包括铣刨后路面坡度、铣刨厚度和铣刨后路面纹理等。

图4-8　人员检测铣刨后路面坡度

　　铣刨后路面的光滑程度与铣刨机滚筒设计、铣刨速度和滚筒刀具养护有关。为了获得合适的表面纹理,CP操作的前进速度需与滚筒转速相一致。刀具变钝或损坏会导致铣刨后路面出现波浪,如图4-9所示。

　　铣刨产生的材料通常由铣刨机的传送带转移到拖运车后送离现场。自载铣刨机有多种尺寸,如大功率全车道铣刨机(图4-3),小型自载式部分车道宽冷刨机(图4-10)。

　　对于检查孔、井阀等铸造物,可以使用图4-1所示的微型铣刨机。为实现平顺过渡,在使用大型铣刨机前,先使用微型铣刨机铣刨至一定深度,如图4-11所示。

　　前端装载式铣刨机可以在一个车道内进行操作,以节省时间与成本,已经成为业界标配。前端装载式铣刨机也更为安全,因为现场所有设备和拖运车的操作方向均与交通行车方向相同。铣刨机上的传送机可升降,同时可调节带速,即使是最长的拖运车也可装载。另外,传送机还可调节侧成角以便拖运车沿铣刨机一侧装载。RAP也可直接以料堆的形式将RAP堆积在邻近路肩。

　　通常后装载式铣刨机仅用于小型设备,尤其是对于使用小型拖运车的1m(3ft)或更小的公用设施沟槽。后装载式铣刨机一般也用于冷再生领域3.8m(12.5ft)全车道宽铣刨。

　　大多数RAP被铲运机铲刀(推板)和装载传送机除去,但一些更小的颗粒会由于铣刨面的粗糙网格状纹理残留在铣刨面。这些细小松散的RAP可用机动扫帚、真空吸尘器和扫地机清除。为避免出现灰尘,城市、居民区及其他敏感区域应该使用真空吸尘器。

　　开放交通前应完成铣刨面的清理,否则细小松散的RAP颗粒会被轮压挤入铣刨面难以去除,影响后期黏层材料铺撒或其他表面处理效果。

图 4-9　由于刀具变钝或损坏导致路面铣刨后出现不合理的纹理和波浪

图 4-10　小型自载式部分车道宽铣刨机

图 4-11　街道井阀附近铣刨

道路铣刨后沥青加铺前,一些业主会严格控制开放交通的时间。对于某些项目,尤其是大交通量或存在安全隐患的道路,铣刨面需在一天内或短时间(2～4d)进行面层加铺,以减小铣刨面因开放交通造成的性能衰减。

目前,为了减少铣刨过程的灰尘产生,由 NIOSH 成员、AEM 成员、NAPA 成员、操作工程师联盟AFL-CLO 成员、设备制造商及铣刨承包商组成的 NIOSH Silica 联盟正在联合编制包含铣刨设备操作、保养在内的操作手册。手册是为了给铣刨设备操作、维护及现场人员建立标准,以减小人员吸入硅土粉尘的风险。本版 BARM 编制时该手册尚在完善中。

4.4　CP 精铣刨

微铣刨或者精铣刨,是一种用装有额外刀具的滚筒进行铣刨,以得到更细纹理路面的铣刨工艺,主要应用于面层处理前提高路面平整度。精铣刨还可用于去除极薄的一层现有路面,弥补微小路面损坏,或者在交通流发生变化或道路重建时去除路表标线。

常规铣刨设备可用于精铣刨,只需要改换滚筒及其驱动系统。常规滚筒刀具间隔为 15～20mm(5/8～3/4in),产生的路面纹理的纵向条纹间距与刀具间隔几乎相同,如图 4-12 所示。微铣刨滚筒刀具间隔约为 5mm(3/16in),如图 4-13 所示,产生的路面纹理间隔比常规铣刨机小很多,如图 4-14 所示。刀具间隔范围还有 6～12mm(1/4～1/2in)的,也称为细铣刨。

无论使用何种类型的滚筒,路面纹理均受刀具状况、滚筒转速及铣刨机前进速度影响。使用新刀具,滚筒转速快,铣刨机前进速度慢时,产生的路面纹理更细。

微铣刨也需要进行坡度控制,以保证道路线形满足业主要求。开放交通前使用真空吸尘器清理微铣刨产生的细小颗粒。

图 4-12　常规滚筒铣刨后路面纹理

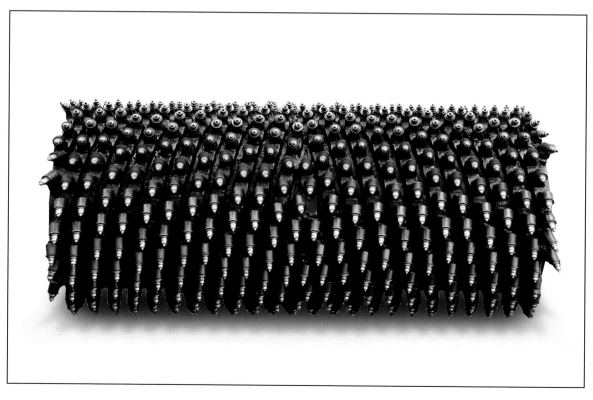

图 4-13　微铣刨滚筒

图 4-14　使用微铣刨滚筒产生的路面纹理

4.5　隆声带及凹槽

　　CP 可用于路面或路肩设置纵向隆声带,如图 4-15 所示。路面上铣刨出隆声带,颠簸并发出声响提醒驾驶员已偏离道路。也可在十字路口前或停车线处铣刨出横向凹槽代替减速带。CP 也可用于铣刨标志标线铺设的小凹槽。

图 4-15　纵向安全隆声带设置

第5章　冷刨规范与验收

冷刨规范的发展趋势是将最终结果要求纳入规范。这是为了创造统一的工作平台,在冷刨阶段改善路面的平整度和横坡。业主越来越关注冷刨对平整度的贡献,冷刨将一直是沥青路面工程的一部分。

本章描述了 CP 规范的总则及一些需要包括的项目。推荐的 CP 施工指导方案在 ARRA's CP100 系列。项目选择及预施工评价的指导意见在 ARRA's CP400 系列。最新版本请联系 ARRA 或登录网站 www.ARRA.org。

CP 工程标准规范包括以下项目:

(1)总则。

(2)材料要求。

(3)设备要求。

(4)施工要求。

(5)质量控制及验收要求。

(6)检查与付款。

5.1　总则

总则包括工程介绍、CP 过程及施工操作过程中广义上的施工方法。

为了定义工作种类,CP 可分类为以下一种或几种。

(1)表面修复:剥离现有面层的不平整部分,包括标准冷刨与精铣刨。不需要控制横坡。

(2)纵坡控制:铣刨现有路面至均匀厚度,要求自动控制纵坡,不需要控制横坡。

(3)纵坡与横坡控制:铣刨现有路面至一定厚度及横坡符合要求,要求自动控制纵坡与横坡。

(4)全厚度:铣刨现有路面全部结构层至下卧粒料基层或路基。不需要控制横坡。应注意下卧层材料对 RAP 的污染。

(5)可变厚度:按计划铣刨现有路面至不同厚度,包括标准冷刨、微铣刨、细铣刨,可能需要自动控制纵坡与横坡。需要坐标线或电子传感器控制道路平整度及纵坡满足业主要求。

(6)挖掘:铣刨现有路面及下卧层或基层至一定深度,根据需要自动控制纵坡与横坡。

5.2　材料要求

材料要求部分表明 RAP 的所有权。RAP 可以 100% 用于再生过程,因此 RAP 的所有权成为越来越重要的议题。一般 RAP 由承包商或业主得到。业主得到 RAP 时,通常会规定 RAP 的运输地点、堆放方式及处理方法。

5.3　设备要求

设备要求部分包括承包商提供的所有设备(从铣刨机到清扫设备)的详细信息。规范包括:

(1)运转状况。

(2)环保法规遵从情况。

(3)最小可接受的铣刨机尺寸及生产能力。

(4)RAP 转移方法,如使用独立传送设施或其他拾取设施。

(5)灰尘产生控制方法。

(6)横坡纵坡控制。

（7）道路清扫。

另外,应对设备尤其是铣刨机的前置审批予以要求。对于直接将铣刨后路面作为最终行驶路面的工程或是对平整度有改善要求的工程,规范还应对试验路进行要求。试验路可供业主评价审批设备、施工方案及工程质量。

5.4 施工要求

施工要求包括 CP 及其他工程所需的详细信息,包括以下内容:
（1）生产计划、施工阶段及工作时间限制。
（2）工作范围。
（3）与其他承包商的协调工作。
（4）设备停放位置。
（5）前期路面准备。
（6）雨水径流时的现场保护措施。
（7）交通警示标志的类型与位置。
（8）工作区域的交通协调。
（9）夜间工作照明。
（10）CP 前期及工作期间天气要求。
（11）保护附近基础设施及财产免受损坏。
（12）防止 RAP 进入地下管线。
（13）表面纹理。
（14）断面、纵坡及横坡要求,包括使用单独、移动或固定参考线。
（15）拖运车的载重及防漏。
（16）坡高限制。
（17）坡度要求。
（18）横向局部边缘斜坡要求,如阀、检查井、车道及匝道等。
（19）铣刨后路面清扫。
（20）铣刨后路面开放交通。

5.5 质量控制及验收要求

规范一般会给出验收的抽样频率及测试方法。这些要求应尽可能采用已发表的行业标准(ARRA's CP100 系列)、国家标准,如美国公路与运输协会(AASHTO)及美国材料测试协会(ASTM),或业主自己改编的标准。CP 的验收要求包括以下项目相关的内容:
（1）铣刨深度及宽度。
（2）RAP 级配。
（3）表面纹理。
（4）断面及纵坡横坡要求。
（5）路面平整度(直边轮廓仪或惯性断面分析仪)。

铣刨深度一般在设计或规范中表明。铣刨厚度有时会发生变化,尤其是需要改善道路断面、纵坡、横坡或平整度时。对于特定的应用,如铣刨后沥青层加铺,铣刨厚度可以在 ±5mm(±3/16in) 内变化。铣刨厚度应该定期检测,一般每 33m(100ft) 检测一次。

CP 设备不能保证 RAP 的级配或最大粒径。如果需要某 RAP 级配或控制最大粒径,则需要对材料进行二次粉碎及筛分。

铣刨后路面的表面纹理通常采用外观进行描述,铣刨后的表面纹理是网格状,拥有均匀间断的纵向条纹或其他类似形状,而不是破损的不规则表面。铣刨机前进速度相比滚筒转速过快时,可能会造成滚筒"走刀"。为了得到合理的表面纹理,出现了越来越多的性能测试。现有的性能测试包括改进的铺砂法、红外成像法及道路轮廓仪。ARRA 已经开发并推荐了一种改进的铺砂法,见 www. ARRA. org。

纵坡和横坡一般由业主规定并采用等精度调查、放样麻线、水准直尺进行检测。纵坡误差可接受范围一般为 ±5mm(±3/16in),横坡误差的可接受范围一般为 ±0.2%。直尺测量的路面平整度误差可接受范围一般为每 3m(10ft) ±6mm(1/4in)。如果有凸起或凹陷,应在其他操作之前修正至误差容许范围。

铣刨后道路直接作为行驶路面、加铺薄层沥青层或其他面层时,越来越多的项目开始规定铣刨后路面平整度,以提高行驶质量。平整度通常采用常规测试仪器,如惯性断面仪、加州轮廓仪或其他类似设备进行测量。补偿因子与其他平整度阈值有关,如国际平整度指数(IRI)、平均平整度指数(MRI)、断面指数(RI)、行驶数(RN)。业主一般采用如下两种方法规定铣刨后路面的平整度。

一种方法是比较现有道路铣刨前后平整度。规范给出了要求采用同一设备测量的铣刨前后道路行驶质量改善百分比。现有路面平整度越差,改善百分比越大。

另一种方法是测量铣刨后路面平整度,并规定平整度指数的最大值。

通常州际公路项目或铣刨后道路直接作为行驶道路时,平整度改善百分比要求更大,最大平整度指数要求更小。平整度比规范要求更优时予以奖励。

为上述两种方法选择合适的平整度标准时,需考虑铣刨后道路的纹理。薄层面层处治,如碎石封层、表层处理时,表面纹理越来越重要,因为处治方案应完全覆盖铣刨纹理。这种情况下,通常规定使用微铣刨或细铣刨。

5.6 检查与付款

规范的最后一部分是检查与付款,主要包括:
(1)动员与遣散。
(2)CP 前路表处理。
(3)现有道路冷刨。
(4)RAP 转移与处置。
(5)铣刨后路面清扫。
(6)交通控制。

动员/遣散一般作为单独的款项。某些规范限定了金额或是总合同价的百分比。也有规范将动员/遣散作为其他款项的一部分。

CP 前路表处理包括道路标志标线等的移除和清扫,一般作为 CP 的一部分。但是,路表处理也可以作为单独的款项按面积付费。

CP 款项一般按一定厚度下面积计算,偶尔也按体积或 RAP 重量计算。付款都是按最终处置体积、面积或重量计算,与铣刨次数或铣刨材料硬度/状况无关。但是,业主需表明待铣刨路面种类是沥青路面、水泥路面还是复合路面。复合路面结构需确定不同的材料层是否需要单独铣刨,以免造成材料污染。

RAP 转移拖运费用一般算入 CP 款项。但是,业主保留 RAP 并要求转移至一定距离处时,应按 RAP 体积、重量或铣刨面积加付 RAP 转移拖运费用。

交通调控费用一般算入 CP 款项,但也可以作为独立款项,尤其是在交通量大,需要交通管制的情况下。

第三部分　就地热再生(HIR)

第6章　就地热再生工程项目分析

就地热再生(HIR)是一种现场维修方法,包括对现有路面的加热、软化、翻松、拌和、摊铺和碾压。为提高再生路面路用性能可按需要添加再生剂(再生油、乳化剂或软沥青)或其他外掺料,如厂拌 HMA/WMA 组成的外掺混合料或新集料。HIR 可分为三大类:表面再生、复拌再生与重铺再生。不同种类的 HIR 在加热、拌和工艺,外掺料添加及上覆层等方面有所不同,但都可划分为三大类中的一种。

表面再生型 HIR 通过一系列预热设备软化沥青路面,然后使用一系列刀具、小半径滚筒、螺旋钻及推板进一步加热翻松已软化路面至一定厚度。路面翻松后,可以根据需要加入再生剂,进行现场拌和并使用摊铺机推平。过程中不加入新集料或新混合料,因此,铺面厚度基本保持不变。为了保证道面表面特性,一般会再进行上覆层(表面处理或沥青罩面)处理,低等级道路也可直接将表面再生道面作为上面层。

复拌型 HIR 对现有路面进行加热、软化、铣刨、翻松,然后使用拌和滚筒或拌和机进行重新拌和,一般会使用再生剂。为满足再生混合料需求或坡度控制要求,可根据需要加入新集料或新混合料。很多情况下不需要另外添加混合料。复拌后均匀摊铺到既有层位。再生混合料一般可作为上面层,但也可以根据铺面需要进行 HMA/WMA 罩面或表面处理,如上覆超薄磨耗层等。

重铺型 HIR 是进行表面再生或复拌,同时铺设完整的上覆层沥青混合料,然后同时压实再生混合料和沥青上覆层。重铺过程中,再生混合料成为中面层,沥青上覆层成为上面层。铺面总体厚度有所增大。沥青上覆层的厚底可以比常规罩面层薄一些,因为上覆层与再生层是热黏结,同步压实后形成一个整体。另外,沥青上覆层可以使用大粒径集料,因为集料可以嵌入整个结构。层间热黏结可以免去黏层的使用。

HIR 可以处理的路面损伤有:

(1)松散。

(2)坑槽。

(3)泛油。

(4)摩擦系数低。

(5)轻微车辙。

(6)波浪。

(7)轻微拥包。

(8)裂缝:滑移、纵向、横向及反射裂缝。

(9)膨胀、突起、凹陷和沉降引起的行驶质量差。

不同的 HIR 处治上述损害效果不同。而且,除非已了解道路损害产生原因并在维修过程中予以处理,否则损害可能只能减轻并不能根除。

6.1　历史信息评价

对已有历史数据进行回顾可以确定 HIR 是否为合适的养护方案及哪种 HIR 更合适。历史信息中需要评价的数据有:

(1)道路和面层(包括表面处治)的使用年限。表面处治中沥青含量较高,在混合料设计时必须予以考虑。此外,多次表面处治会导致下层道路加热较慢而降低 HIR 加热效率,而且还会提高污染物排放。

（2）调查过去路况以评价道路破损率。

（3）现有沥青路面层厚度。HIR 一般要求沥青层最小厚度达到 75mm（3in）。如果 HIR 处治层厚为 50mm（2in）,而沥青面层厚小于 75mm（3in）,HIR 过程可能会导致下卧沥青层松散产生拌和摊铺问题。此外,路面结构应具备足够的强度承受 HIR 设备。

（4）现有路面沥青类型,这会影响再生剂种类和用量。

（5）HIR 处治层集料最大粒径。HIR 可能不能有效再生大粒径混合料,这取决于集料最大粒径。

（6）HIR 处治层中是否存在夹层、纤维或土工合成材料。HIR 不能再生纤维或土工合成材料。夹层需根据自身特性及位置进一步评估,确定是否能回收。

（7）是否存在特殊沥青混合料类型,如橡胶混合料、开级配排水层、开级配防滑层及 SMA 等。在混合料设计及施工阶段需特别注意是否存在橡胶或橡胶封层。橡胶沥青混合料对 HIR 设备的橡胶轮胎有高黏附性,可能会导致污染物排放。开级配混合料级配特殊,含有高黏沥青或其他特殊种类沥青,在混合料设计及施工阶段应予以注意。

现有养护数据可提供的有效信息包括:

（1）修补位置及年代。

（2）修补材料,如 HMA、CMA、喷射注浆修补等。

（3）填缝料种类及年限。

现有施工记录是很好的信息来源,但质量保证（QA）的各施工层位信息最为可靠。HIR 处治厚度施工信息包括:

（1）沥青种类、等级及用量。

（2）级配及集料棱角性。

（3）混合料空隙率。

（4）现场压实度。

HIR 是一种现场再生工艺,现场沥青路面本身的变异性会影响 HIR 操作。尽管 HIR 是工程可行方案,施工规范仍需考虑现场混合料的变异性。

6.2　路面评价

进行详细的路面评价以确定道路的破坏类型、程度和频率。不同的 HIR 工艺处治道路损害效果不同,而且 HIR 的选择还受道路上面层状况影响。

应特别注意是否存在封缝或表面处治,如表面磨耗层、微表处等情况,因为他们会对环境和经济产生影响。表面处治和封缝可以纳入 HIR 混合料,在混合料设计阶段需特别注意。这些处治材料也会影响再生剂的选择、外掺混合料的选择（级配、沥青用量等）和用量。如果表面处治对 HIR 影响过大,可以采用冷刨的方式进行去除。热塑性车道标线也应在 HIR 前采用 CP 或其他方式去除。

大修或频繁修补将增加材料变异,降低现有材料的均匀性,从而影响 HIR 混合料的均一性。大范围修补需要进行专门的配合比设计。如果现有路面集料易磨光,则再生路面也会容易磨光,除非加铺耐磨性好的上覆层。可在复拌工艺中添加耐磨性好的集料或混合料。重铺工艺中磨光集料上层加铺新沥青层,应采用能够抗滑的混合料。

HIR 不能解决路面结构性破坏问题,如结构性车辙或者混合料失稳。所有三种 HIR 工艺都可以用于轻微车辙。出现少量结构性车辙时,如果加铺层厚度足以处治结构缺陷,可以采用 HIR 手段。

HIR 工艺可维修的道路损害类型见表 6-1。

	道 路 状 况	表 面 再 生	复 拌 再 生	重 铺 再 生
表面损害	松散	是	是	是
	坑槽	是	是	是
	泛油	否	可能[a]	可能[b]
	抗滑不足	否	可能[a]	是
变形	路肩脱落	否	否	否
	车辙—磨耗	是	是	是
	车辙—失稳	否	可能[a,d]	可能[d]
	车辙—结构性	否	否	否
	波浪	是	是	是
	拥包	否	可能[a,c]	可能[d]
荷载裂缝	自下而上疲劳	否	否	否
	自上而下疲劳	可能[e]	可能[e]	可能[e]
	边缘裂缝	可能[b,f]	可能[b,f]	可能[b,f]
	滑移裂缝	可能[g]	可能[g]	可能[g]
非荷载裂缝	块状裂缝	是	是	是
	纵向裂缝	是	是	是
	横向裂缝	是[d]	是[d]	是[d]
	反射裂缝	是[d]	是[d]	是[d]
连接裂缝	接缝反射	可能[b]	可能[b]	可能[b]
	间断	可能[b]	可能[b]	可能[b]
基层损伤	膨胀、突起、凹陷、沉降	不太可能[b]	不太可能[b]	不太可能[b]
平整度	行驶质量	是	是	是
其他条件	交通量	是[h]	是[h]	是[h]
	乡村	是	是	是
	城市	是[i]	是[i]	是[i]
	脱落	可能[e,d]	可能[e,d]	可能[e,d]
	排水差	否[j]	否[j]	否[j]

注:a. 可通过添加新集料或新混合料修复;

b. 不能完全修复但可以缓解损害;

c. 需要进行混合料设计;

d. 需确定现有层位产生损害的厚度及严重程度,可能不能完全修复但可以缓解;

e. 需确保能满足结构需求,可能需铺设上覆沥青层;

f. HIR 后需进行路肩限制;

g. 处治深度应超过滑移面;

h. 考虑将来交通量的影响设计合理的路面结构;

i. 几何条件可能会限制使用的再生设备类型;

j. HIR 等处治方法均需改善排水设施以保证性能。

6.3 结构承载力评价

HIR 需进行两方面结构承载力评价,第一是评价现有道路在设计养护年限内预期交通量下的结构承载力,第二是评价现有道路结构在施工阶段 HIR 设备的承载能力。

第一步评价现有道路结构承载力,确定设计年限内为满足预期交通量所需的承载力。如果现有结构有待提高,需根据业主设计方法确定上覆沥青层的厚度。

如果使用 1993 年 AASHTO 路面结构设计指南或 AASHTO 路面力学经验法设计方法确定所需上覆层厚度,就地再生混合料结构层参数或动态模量与厂拌沥青混合料相似,与采用的再生剂种类用量及新添加的混合料有关。业主需确定合适的 HIR 混合料设计值。业主也可使用替代的结构设计方法。

现有道路结构承载力能够满足预期交通量时,可采用三种 HIR 处治功能性损害。由于不需要提高路面强度,根据 HIR 工艺 HIR 混合料可用于表面层。

通常,为保证 HIR 成功施工,路面能够承载 HIR 设备,HIR 工艺要求现有路面最小厚度为 75mm(3in)。道路存在大范围结构失效时不适合采用 HIR,需考虑其他维修方案。

复拌工艺中使用新集料或新混合料时可以提高结构层厚度。大部分复拌设备可以外掺 30% 新材料,处治厚度为 50mm(2in)时,厚度可增加 15mm(5/8in)。重铺可以铺设厚度达 57mm(2.25in)的上覆沥青层,但上覆沥青层和下卧再生层总厚度不超过 75mm(3in)。道路所需结构承载力提高程度超过 HIR 所能够提供时,可进行上覆沥青层分阶段施工。

6.4 材料性能评价

利用现有信息和路面评价结果,可将工程分为具有类似材料或性能的区域或部分。制订现场取样计划,采用固定间隔取样法,确定现场取样点。

一般采用取芯法确定路面结构层和基层的厚度和混合料类型。与其他再生技术不同,HIR 加热过程会导致沥青材料变软、松散,因此不会出现明显的级配离析。现场取芯时不能使用冷刨机,否则会导致集料级配细化。取芯尺寸越大,切割面与体积的比值越小,得到的集料细化程度越小。推荐采用直径为 150~200mm(6~8in)的芯样。为了评价全结构层的状态,需对沥青层进行全厚度取芯。

为确定沥青路面含水率,部分芯样应在无水条件下获得。含水率会显著影响 HIR 生产率。现场取芯详见第 7 章。

6.5 几何形状评价

详细评价几何形状以确定工程:
(1)是否需要重大改线、拓宽或排水校正。
(2)是否含有地下设施/排水结构。
(3)是否需要对地下设施提高等级。
(4)是否含有桥梁/跨线设施。
(5)是否需要纵坡坡度校正。
(6)是否需要横坡坡度校正。
(7)是否需要改变超高。
(8)是否含有急弯陡坡等不利线形影响设备运行。

HIR 是维修的有效手段,但对重大改线、拓宽或排水校正工程适用性较差,性价比较低。

需评价公用设施井盖(检查井和阀门)的存在、频率和高度,尤其是城市周边。检查井和阀门可根据原有高度进行升高或降低,但现场井盖的数量会影响生产率。改造地下设施需在 HIR 前进行。

需对桥梁/跨线设施进行评价,其内容包括:
(1)是否有沥青铺面,铺面厚度及是否需要进行 HIR。
(2)是否有防水膜,防水膜厚度及耐热性。
(3)是否有特殊防水混合料(乳胶、聚合物等)。
(4)结构承载力能否满足 HIR 设备要求。

通常 HIR 处理行车道,处理宽度一般是一车道或 3.7m(12ft)。一些 HIR 设备单趟可以处治 4.7m(15.5ft)。路面宽度不是 HIR 设备处理宽度的倍数时,需进行搭接以保证 HIR 全覆盖。所有情况下 HIR 的搭接宽度最小为 50mm(2ft)。

HIR 工艺也将影响对纵断面和横断面的校正。表面再生不添加新料,断面校正较差。复拌过程添加新料,可以校正坡度。重铺过程的坡度校正与上覆沥青层厚度有关。某些情况下,HIR 前冷刨或摊铺沥青混合料能达到更好的校正效果。

不同承包商和不同过程使用的 HIR 设备规格不同。有些设备特别长,有些设备适合城市使用。道路几何尺寸会影响处治区域类型。只要有足够的空间供设备退出区域,HIR 设备可以处理一定半径的弯道,如加速/减速车道、转向车道等。路线陡纵坡会导致 HIR 路面加热不均匀。

6.6　交通评价

传统上,HIR 用于低至中等交通量道路,现在已经用于重交通道路,包括州际公路。HIR 与其他维修方案相比,施工时间短,造成的交通干扰和公众不便小。HIR 还可以在夜间或非高峰时段施工,进一步减少交通干扰。根据现有道路宽度,HIR 施工区域占据 1～1.5 车道。两车道道路施工时,需使用交通标志、车道区分设施和警车保证施工区域单向交通。两车道道路较窄时,交通组织更难,尤其是在没有路肩的情况下。车道较窄时,大型车或超大型车的交通组织需进一步完善。

交叉口和匝道的交通控制需进一步完善,尤其是城市环境中。鉴于 HIR 的速度,交叉口和匝道无须长时间停止通行,可以用标志和车道区分设施控制交通。

6.7　施工可行性评价

HIR 设备相对较大,因此需考虑设备过夜停车或存放。需要宽阔的过夜停车区域或将设备停放在路边,使用临时交通指示标志、警告灯和临时信号灯指示交通。根据 HIR 工艺,HIR 设备可以每天处治 1.6～5.6km(1～3.5mi),因此,为了提高性价比,HIR 设备应停靠在当天施工段附近,以减小设备移动距离。单独 HIR 组件便于移动,一般不会成为问题。为了 HIR 设备和拖运车,必须检查桥梁和立交净空。

通常,HIR 设备可以处理边沟区域。对于垂直混凝土部分(无排水沟),无法处理道路边缘 300mm(12in)区域。HIR 无法处理的区域可以先进行冷刨处理,HIR 摊铺过程中采用延长的摊铺整平板进行摊铺。或者可以将冷刨后的 RAP 移除,使用等体积新混合料替代。

6.8　环境影响评价

HIR 废气排放取决于:
(1)HIR 设备类型、功率和设计。
(2)避免路面过热。
(3)再生层是否有橡胶、乳胶及聚合物。
(4)是否存在表面处治、封缝或热塑性标线。
(5)环境状况如温度、风速及风向。

使用合适的 HIR 设备,预先清除表面处治,合适的环境温度和微风能够显著减少潜在的有害气体排放。城市区域更加关注有害物排放。

工作区域的易燃物也需评价。周边的树木和植被在 HIR 操作过程中可能枯萎,但下一年春天应该会恢复。排气控制设备和能量室上方的排气烟囱挡板可以减少植被烤焦的数量。紧急情况下,伸出的植被可以进行修剪或用保护性材料覆盖,以防止枯萎。附近的干燥植被可能在 HIR 过程中着火,提前浇湿植被可以减少起火的概率。

HIR 设备接近或通过任何检查井、集水池、拱顶前,应检查是否有可燃气体存在,工程区域内可燃气体应由消防部门予以清除。

所有维修项目都会有一定的噪声。根据 HIR 的速度,产生的噪声一般是短期的,相比其他过程干扰较小。

6.9 经济评价

进行寿命周期经济分析时,各种 HIR 维修方法的预期服务年限通常在以下范围:

(1)表面处治的 HIR 表面再生——6～10 年。

(2)沥青上覆层的 HIR 表面再生——7～20* 年。

(3)复拌——7～20* 年。

(4)重铺——7～20* 年。

注:* 等效于业主的厚沥青路面服务年限,与缓和现有混合料缺陷的能力有关。

不同业主使用的 HIR 技术不同,有效性和性能也有所不同,取决于以下因素:

(1)当地状况。

(2)气候。

(3)交通。

(4)回收材料。

(5)结构设计合理性。

(6)HIR 技术类型及适用性。

(7)使用的材料质量。

(8)施工质量。

(9)工作规范。

(10)项目经济规模。

第7章 就地热再生混合料设计

通过细致的评价和材料选择进行就地热再生混合料设计,能够提高再生混合料性能,延长路面使用寿命。不同的业主会选用不同的 HIR 混合料设计方法。过去大都使用马歇尔设计方法或维姆设计方法,现在大多数业主采用 Superpave 设计方法,但是 HIR 混合料设计并没有一个全国通用的设计方法。当需要外掺再生剂(再生油、乳化剂或软沥青)或外掺料(厂拌 HMA/WMA 或新集料)时,混合料设计过程受现有材料性能及再生材料预期性能影响很大。HIR 重铺工艺设计时,业主需分别对再生层和上覆沥青层进行混合料设计。

完整的 HIR 混合料设计会延长工程时间,提高总体费用。业主需衡量部分或完整混合料设计的好处与风险。建议所有工程都进行混合料设计,但一些业主对低等级道路不要求进行混合料设计。业主应详细考虑不进行混合料设计可能存在的风险。

通常,HIR 混合料设计的原则是恢复现有老化路面性能至与新沥青混合料性能相同或相近。该方法尝试处理现有沥青路面由于时间、环境因素、交通量和 HIR 过程导致的改变。例如,现有路面自铺筑后沥青老化;由于交通导致的空隙率下降,使得混合料更加密实;HIR 过程中添加再生剂前原沥青的进一步老化。该方法已成功应用于很多工程,新添加混合料或新集料也可以提高再生混合料性能。

举个例子,一条已使用 10 年的道路由于环境和交通影响出现损害,需要重修。如果道路损害程度相对其路龄是过量的,为了确定 HIR 是否可行的重修方案,应考虑破损是否是由以下原因造成:

(1)交通荷载超过最初设计时的预期值。

(2)使用的材料质量较差。

(3)原材料性质或混合料性能超出容许范围。

(4)结构层不足。

根据历史信息和材料性能评价结果(见第 3 章和第 6 章),混合料设计工程师应确定现有道面的性能恢复是否可行。如果不行,工程师可以考虑在 HIR 混合料设计过程中改善混合料性能,如在 HIR 混合料设计中添加新集料改善混合料级配。添加新集料可以提高混合料模量,提高抗车辙能力,或减小沥青用量,改善由于沥青含量过大引起的车辙。沥青也在路用性能中起关键作用,再生剂(无论是否含有聚合物)可以提高再生混合料中沥青胶结料的总体性能。

7.1 沥青再生剂

HIR 使用的再生剂一般是具有一定物理化学特性的烃类,能够改善老化后沥青性能使其在要求范围。使用再生剂的目的主要有三个:

(1)恢复沥青性能至一定水平,能够满足施工需要及再生混合料使用要求。

(2)为裹覆现有混合料或新集料提供足够的胶结料。

(3)提供足够的沥青胶结料以满足业主混合料设计要求。

HIR 混合料设计过程中,应考虑原混合料性能衰减机理及如何改正这些缺陷。现有沥青的再生是一个关键问题,如何实现沥青再生有以下几种观点:

(1)仅使用再生油分或乳化剂作为再生剂恢复沥青性能。这种观点认为再生剂在 HIR 过程中能够有效地与旧沥青进行融合。

(2)使用软沥青(无论是否含有聚合物)作为再生剂。这种观点认为 HIR 过程中旧沥青能与新沥青进行融合,形成性能合适的胶结料。

(3)同时使用再生油分或乳化剂和新沥青进行旧沥青再生。新沥青一般作为外掺料加入。

对沥青再生机理的了解是为了了解如何进行 HIR 混合料设计。沥青混合料中,集料颗粒被旧沥青裹覆,且集料间存在空隙。HIR 过程中混合料被加热、软化、翻松,然后加入再生剂或外掺剂。之后在拌和过程中再生剂裹覆在现有旧沥青表面,并以一定速率渗透进旧沥青中,渗透速率取决于旧沥青性能和再生剂活性。

情况乐观时,再生剂与旧沥青匹配度较好,渗入旧沥青形成一种新的融合材料。得到的再生混合料外观和性能均与新沥青混合料相近。如果再生剂不能渗入旧沥青,就会形成一个润滑面导致再生混合料不稳定,这种情况下,再生混合料表观易出现泛油。

再生剂的效率取决于材料温度和融合时间。温度较低,融合时间较短时,再生剂渗入旧沥青的程度大大降低。

可以通过沥青或混合料物理性能、流变性能测试确定再生剂的效果。使用沥青胶结料方法测试时,将旧沥青从现有路面剥离,测试其流变性能,如针入度、黏度、PG 分级等。将旧沥青与不同比例的再生剂进行拌和,然后测试其流变性能,以此确定不同再生剂掺量的沥青性能变化。采用沥青性能变化表征旧沥青中再生剂含量。

也可以将现有路面加热软化后取样,同时加入再生剂与新集料或混合料,搅拌至均匀整体,获取沥青样品进行流变性能测试。将新沥青性能与旧沥青性能进行比较,确定再生剂含量。

还可以通过维姆稳定度、马歇尔稳定度或模量(静态模量、动态模量)评价混合料性能,以此判断老化沥青中再生剂含量。这种方法考虑了试验室沥青性能的不确定性,采用再生混合料总体性能反映沥青再生剂效果。

7.2　HIR 混合料设计

混合料试验证明,尽管物理参数有所不同,HIR 混合料性能能够达到与新混合料性能相当。再生剂能够通过软化恢复老化沥青减小空隙率。过去 HIR 混合料设计方法是通过添加新集料提高混合料空隙率以达到常规混合料设计空隙,沥青用量和沥青膜厚度的减小会降低再生混合料的长期性能。大多数情况下,再生混合料空隙率下降并不影响性能。鼓励业主在评价再生混合料性能的同时保证 HIR 长期性能。

三种 HIR 工艺的混合料设计过程略有不同。表面再生使用 100% RAP 和再生剂,无法调节混合料级配和体积参数。复拌再生与表面再生相似,只使用 100% RAP 和再生剂,外掺新集料或混合料进行混合料设计时能够改变级配、体积参数或路面结构。重铺工艺中,由 100% RAP 和再生剂组成的再生层无法进行级配、体积参数调节,沥青上覆层可根据业主的标准进行混合料设计。

HIR 混合料设计包括以下部分或全部步骤:

(1)路面取芯。

(2)确定现有混合料性能。

(3)选择再生剂种类。

(4)进行简易 HIR 混合料设计。

(5)根据需要进行完整的混合料设计所需试验。

(6)确定生产配合比。

(7)根据需要进行现场调整。

7.2.1　取样

现场取芯频率取决于工程大小、相似材料或性能区域大小和现有数据确定的材料变异性。取样频率一般为每车道每 1km(1/2mi)一处。每处取样点的取芯数取决于取样位置数、室内试验数量及芯样是否需要进行 HIR 混合料设计。

应检查芯样以确定层位是否存在早期表面处理、夹层、纤维或其他土工合成材料、特殊混合料,是否发生松散、层间分离及是否有水侵入。检查好芯样后,对芯样进行观察记录并拍照,然后切割芯样至HIR处治深度。

7.2.2 现有路面性能

测试代表性芯样以确定:
(1)毛体积相对密度。
(2)现场含水率。
(3)沥青含量。
(4)集料特性,如级配、棱角性等。
(5)沥青特性,如针入度、黏度、PG分级。
(6)现有混合料最大理论相对密度。

7.2.3 再生剂的选择

再生剂包括再生油分、乳化剂或软沥青。软沥青成本相比再生油分或乳化剂更低,但作为再生剂效果不佳,为改善特定性能,可掺入聚合物。为了达到目的,再生剂应该满足以下条件:
(1)易分散。
(2)与旧沥青相容。
(3)能够改变旧沥青性能至要求水平。
(4)能够抵御热老化以保证长期性能。
(5)均一性。
(6)挥发性有机物含量低以减小施工过程的挥发损失。

7.2.4 简易HIR混合料设计

简易HIR混合料设计考虑了旧沥青的黏度或针入度及所需再生剂用量。通过目标再生厚度处获得的沥青含量及回收沥青的流变性能确定铺面的均一性及所需再生剂的种类。为了再生老化旧沥青,需根据AASHTO T164(ASTM D2171)溶剂提取法确定RAP沥青含量。其他沥青提取法会改变回收沥青性能。推荐使用三氯乙烯或溴丙烷作为溶剂。溶剂有毒,需在通风设施良好的地方进行或使用其他防护措施。

旧沥青应根据ASTM D5404从溶剂中提取,如果没有设备,可用ASTM D1856(AASHTO T170)代替。回收沥青测试包括针入度测试(AASHTO T49或ASTM D5)、绝对黏度测试(AASHTO T202或ASTM D2171)。如需测定PG分级时,采用动态剪切流变试验(ASSHTO T315)测定剪切模量(G^*)及相位角(δ)。

通过掺配图或黏度诺模图和ASTM D4887中的步骤确定所需再生剂用量。类似的掺配图也可由再生剂供应商针对各自的再生剂给出。很多再生剂供应商备有试验室,会针对该再生剂提供混合料设计合适的输入参数及施工方法。也可根据之前给出的试验方法测试不同用量再生剂对旧沥青的再生效果。

再生剂掺量需满足针入度或黏度目标。再生沥青目标值需满足路用性能要求,其值可能还与工程环境、预期交通、现有路面路用性能等有关。

与黏度和针入度一样,掺配图也可用于PG分级掺配图。使用DSR试验测试得到的沥青参数代替黏度或针入度。PG系统需要至少五张掺配图以确定再生沥青进行PG分级的五种测试参数。目前的研究仅局限于RAP掺量达到40%时的高温和中温参数,目前还没有发表的低温参数。HIR混合料中RAP掺量达到70%~100%时是否仍符合相同的假定和规律仍是个未知的问题。大多数供应商采用传统黏度或针入度掺配图进行混合料设计。采用Superpave方案仍需进一步研究。

对某些业主,确定再生剂的种类和用量是 HIR 混合料设计的最后一步。简易 HIR 混合料设计一般能够给出合理但略偏高的再生剂用量预估。因此,需要在现场调整再生剂用量。现场调整的依据是再生混合料外观或回收沥青性能测试,应该由有经验的人进行。

简易混合料设计过程并没有给出再生剂对再生混合料的影响,如体积参数、稳定度、回弹模量、水稳定性、工作性能等。而且,不是所有的再生剂都能和旧沥青相容。为了确定相容性和混合料性能,进行试验室试件成型及常规混合料性能测试(见 7.2.5)。通过沥青含量、再生路面净重及再生剂掺量确定现场再生剂使用量(L/m^2)。

7.2.5 完整混合料设计

完整混合料设计不仅考虑了 7.2.4 节中的沥青流变性能,还考虑了 HIR 混合料性能。HIR 混合料性能一般需满足业主对厂拌沥青混合料的要求,可根据需要做适当调整。

1)现有路面沥青和集料特性

通过现场取芯确定现有路面沥青含量、级配、含水率、毛体积相对密度(AASHTO T166 / ASTM D2726)和最大理论相对密度(AASHTO T209/ASTM D2041),计算体积参数。

通过回收集料的级配、形状和棱角性确定现有混合料是否符合业主的要求。如果道路抗滑性不良,则集料的耐磨性也需要考虑。除非使用新集料或新混合料,否则无法进行级配调整或改善集料特性。为了表征 HIR 过程中的变异性,很多业主修改了 HIR 混合料的级配范围。

2)外掺集料或混合料

如果现有集料不能满足业主需求,则需要加入新集料。新集料可以单独加入,但为了减少扬尘、降低加热成本、提高生产率,一般在拌和场制备成混合料后加入。大部分情况外掺混合料控制在 30% 以内。棱角性好的粗集料用于提高稳定度、抗车辙性能和摩擦系数,干净的细集料用于改善混合料体积参数。

3)室内试件拌和成型

室内制备不同含量的再生剂、新集料、新混合料、旧路面组成的试件。使用常规再生沥青混合料设计方法,如 Superpave 设计方法、马歇尔设计方法、维姆设计方法,RAP 掺量高或使用再生剂时,可做适当调整。室内条件应尽量与 HIR 现场接近。

切割现场芯样至再生厚度后,应小心加热干燥,以减小沥青进一步老化。将芯样放入部分开口的容器后非强制通风,减少 RAP 加热时间。室内老化一般比现场老化更严重,因此相比现场施工,需要一定量再生剂恢复性能。

芯样加热/软化后变成 RAP,一般 93℃(200℉)就足够软化芯样。RAP 中加入再生剂时,拌和温度一般在 127～135℃(260～275℉)。RAP 和外掺混合料的击实温度一般比拌和温度低 5℃(10℉),通常在 120～130℃(250～265℉)。如果需要外掺混合料,制备条件与沥青混合料设计方法相同。

RAP 和外掺剂在拌和温度下稳定后进行拌和,根据需要加入再生剂继续拌和。拌和时间应尽量短,且满足再生混合料稳定均一,与现场拌和时间相近。评价不同种类 RAP、外掺混合料、新集料和再生剂的相容性。记录并评价拌和完成后的再生混合料的外观。

将再生混合料放置在部分开口容器中,放入非强制通风烘箱中在成型温度进行养生。养生时间一般为达到拌和温度后 30～60min。养生过程应使得再生剂完全渗透旧沥青。根据需要,测试养生后混合料的最大理论相对密度,并测试旧沥青中的再生剂含量。

室内成型一般按照 Superpave 方法(AASHTO T312 或 ASTM D6925)、马歇尔方法(AASHTO T245 或 ASTM D6926)或维姆方法(AASHTO T247 或 ASTM D1561)进行。压实程度根据预期工程交通量确定。试件冷却后进行常规性能试验。除非加入新集料或新混合料改变体积参数,否则 HIR 的空隙率应该会比常规沥青混合料低。

4)性能测试

HIR 混合料性能测试与常规混合料相同,包括马歇尔稳定度试验(AASHTO T245 或 ASTM D6927)、维姆稳定度试验（AASHTO T246 或 ASTM D1560）、车辙试验（AASHTO T324 或（AASHTO T340）、水稳定性试验（AASHTO T283 或 ASTM D4867）、动态模量试验（AASHTO TP79），但测试结果与 HIR 混合料性能之间的关系不显著。

7.2.6　混合料设计与生产配合比

分析结束后，HIR 混合料设计过程终了，给出满足性能要求和经济性要求的生产配合比。HIR 混合料设计应包含以下信息：

（1）原路面的沥青含量及流变性能。

（2）再生剂类型及用量。

（3）原路面的集料特性和级配。

（4）外掺新集料的特性和级配。

（5）再生路面的沥青含量及流变性能。

（6）再生路面的集料特性和级配。

（7）再生路面物理、体积参数。

（8）再生路面的性能测试结果。

7.2.7　现场调整

混合料设计及生产配合比给出了最优的材料组成。施工开始后，应对 HIR 混合料进行取样、测试，尤其是现场变异性大时。根据现场测试结果，调整生产配合比以达到最优性能。

第8章 就地热再生施工

就地热再生(HIR)先加热软化现有路面,然后采用滚筒刀具、锯齿或螺旋钻翻松路面至一定厚度,然后使用常规铺路设备对翻松后的路面进行重新拌和、摊铺及碾压。可根据需要添加再生剂(再生油分、乳化剂或软沥青)和外掺料,如新集料或厂拌 HMA/WMA 组成的新混合料。HIR 过程中,100% 现有路面在现场完成再生。由于 HIR 及相关设备可长达几百英尺,通常称全部设备为 HIR 车组。

无论采用哪种 HIR 工艺,都建议施工前进行以下预备性工作:

(1)进行第6章所述工程分析及第7章所述混合料设计。

(2)进行安全评价或风险评估。

(3)制订交通调控方案。

(4)修补存在排水问题的区域。

(5)修补基层损伤区域。

(6)使用冷刨或混合料填平对严重变形处进行回补。

(7)清理路面的尘土、植物、积水、易燃物、油分、突起的道路标线等其他障碍物。

(8)冷刨或采用其他手段清理热塑性标线及橡胶填缝料。冷涂料一般可直接与混合料一起再生。

(9)根据混合料设计区段,分别确定再生剂及新掺料使用量。

(10)确认再生区域内公共设施及地下障碍物。

8.1 一般 HIR 设备

依 HIR 设备及再生过程的细微差异,将就地热再生分为表面再生、复拌再生及重铺再生三类。每种工艺使用的 HIR 设备有相同点也有不同点。关键是了解设备的作用,而不是设备零件的规格。为了最终达到良好的效果,设备存在不同的规格。例如,寒冷条件下,HIR 车组可能会配置多个预热装置,以保证工作范围连续加热。

表面再生设备最早出现于 20 世纪 30 年代,20 世纪 70 年代末 80 年代初得到改良的同时升级发展成复拌、重铺设备。HIR 设备随着工艺、厂商和承包商的不同,存在多种规格。

从初始设备面世以来,HIR 设备在以下方面有了很多改善:

(1)混合料温度提高。

(2)因加热对路面老化影响降低。

(3)处治深度加深。

(4)处治宽度可调节。

(5)生产效率提高。

(6)施工噪声减小。

(7)空气质量提高。

(8)再生剂或外掺料添加容量提高。

(9)再生剂或外掺料控制更为精准。

随着热风、红外加热机和滚筒搅拌机的革新,HIR 设备与技术也在不断发展。现代 HIR 设备能够使用多个预热设备提供连续加热。相比沥青路面铣刨重铺,HIR 过程能加快施工进度,对环境更为友好。

所有的 HIR 工艺都需使用以下设备:

(1)预热设备。

(2)加热翻松/铣刨设备。

(3)压实设备。

8.1.1 预热设备

现有路面的干燥和加热软化是由一个或多个预热设备完成。早期预热设备采用开放式或直火干燥加热路面,现已被热风、间接辐射或红外加热代替。这些改变可以减少有害物排放及旧沥青老化。大多数加热设备燃料为丙烷或其他压缩气体,也有一些设备采用柴油。以下因素会影响沥青道面热传导:

(1)热源的最高温度。

(2)路面及环境温度。

(3)风力状况。

(4)现有道面的湿度。

(5)路面接触热源的时间。

(6)现有路面的混合料特性,如黏度、级配和沥青种类等。

(7)是否有表面处治,如磨耗层、封层等。

为了加热路面,同时使旧沥青不产生明显老化,需要降低热源温度,提高加热时间。这可以通过降低设备移动速率,提高热源数量完成。降低热源移动速率会降低生产率从而提高成本,承包商可以通过增加预热设备(图 8-1)数量提高生产率。

图 8-1 HIR 预热设备

预热设备应该均匀加热处治区域,避免出现局部过热。假设预热设备单位长度热功率一定,相比预热设备的数量,单个预热机加热区域长度更重要。例如,两台 26ft(7.9m)加热罩预热机的加热时间比三台 16ft(4.9m)加热罩预热机的要长。

现有路面铣刨翻松前,道路材料应加热至无须铣刨就能移动,同时沥青不能烧焦。路面温度应足够加热材料至拌和温度,拌和温度一般不超过 375℉(190℃)。

随着路面含水率增大,干燥、加热路面至所需温度需要的能源增大。HIR 设备一般配备固定数量的热源,干燥路面所需能量越大,能够加热软化路面的能量越少。因此,为了将路面加热至所需温度,需降低 HIR 设备移动速率,此时生产率会降低。

HIR 过程中排放控制系统可以控制气态碳氢化合物的排放。排放控制系统能够收集加热过程中产生的烟雾并在高温下焚烧。这个过程能够将碳氢化合物/可燃物转变成二氧化碳和水蒸气。不透明物、颗粒物排放控制在国家要求的排放标准以下。HIR 混合料与常规混合料性能相当,且可减少碳排放。

8.1.2 加热翻松设备

预热设备后是加热翻松设备。加热翻松设备(图 8-2)对软化路面进行进一步加热和翻松。一般使用一排或多排弹簧加荷齿进行翻松。由于齿耙是弹簧加荷,因此经过检查井、水阀等区域可以自动调整。如果工程区域内有井盖时,一般先进行摊铺,然后根据高度进行提高。结构需进一步调整时,也可使用环形冒口。一些设备上的耙齿是气动或液压传动,能够越过井盖等障碍物,从而使下面层温度较低的粗集料避免破碎,如图 8-3 所示。

图 8-2　加热翻松设备

翻松厚度一般在 19~50mm(0.75~2in),其中 25mm(1in)最常见。由于不同层位硬度和热传导深度不同,尤其是路面出现车辙时,翻松厚度会出现变化。翻松厚度可在一定程度上通过改变弹簧张力、调节齿耙上的气动/液压力或改变设备前进速度进行调整。正确操作预热设备和翻松设备,能使翻松厚度变异最小,保持在 5mm(3/16in)。

加热螺旋钻能够进一步加热路面,而且配备了推板,能够将材料推移至一定厚度。螺旋钻厚度一般为 19~50mm(0.75~2in),对混合料进行拌和或移动至中心后进入拌和滚筒。加热铣刨设备的螺旋钻推板如图 8-4 所示。

图 8-3　液压传动翻松齿耙

图 8-4　加热铣刨设备的螺旋钻推板

加热铣刨设备配备了可更换碳化钨刀具的小直径热滚筒。热滚筒见图 8-5。热滚筒设备能够均匀加热翻松沥青路面至同一高度。为了处理整个宽度,可能需要不止一个热滚筒,滚筒之间可以独立操作。这样,滚筒就能跨过井盖等障碍物。由于路面进行了加热软化,无须像冷刨一样用水对铣刨刀具进行冷却,因此集料粉碎和离析的程度很小。使用多个加热铣刨设备时处治深度可达 50～70mm(2～3in)。

图 8-5　热滚筒

与预加热过程一样,排放控制系统控制加热铣刨产生的气态碳氢化合物的排放。

由于一般只需对行车道进行处治,HIR 处治宽度一般为 3.7m(12ft)。一些 HIR 设备处治宽度可达单趟 4.7m(15.5ft)。不是车道宽整数倍的道面进行 HIR 处理时应注意搭接,以保证全宽度 HIR 覆盖。所有情况下都需进行至少 50mm(2in)的重叠。如果重叠宽度超过 300mm(12in)时,应评价再生剂和外掺料的重复使用。

8.1.3　单级 HIR 和多级 HIR

三种 HIR 工艺均可采用单级或多级加热铣刨。单级再生将现有路面加热软化后直接铣刨至一定厚度,如图 8-6 所示。某些设备对铣刨后的材料可继续加热。单级再生处治厚度一般为 25～50mm(1～2in)。

多级再生分层加热、软化、铣刨现有路面,一般分为 2～4 层。处治深度更深,而且能在保持高生产率的条件下不损伤旧沥青或旧集料。每级加热铣刨深度一般为 12.5～19mm(0.5～0.75in),将上层铣刨后堆成堆料,第二级对下层路面继续加热与铣刨。某些设备可以将铣刨料传送至加热床。其他工艺中,料堆可以采用管道加热器(图 8-7)或后续加热设备进行加热。重复这个过程直到达到所需的处治厚度,所有 RAP 都进入拌和室。多级再生的处治厚度一般为 38～75mm(1.5～3in)。部分多级再生车组较长,使得其主要适用于州际公路。多级 HIR 再生设备见图 8-8。

图 8-6　单级 HIR

图 8-7　料堆采用管道加热器加热

图 8-8　多级 HIR 再生设备

图 8-9　HIR 压实设备

8.1.4 压实设备

一般先采用轮胎式压路机进行初压,然后采用双钢轮振动式压路机进行复压和终压,如图8-9所示。但一些承包商只使用钢轮压路机进行静压。由于再生路面下卧沥青层温度较高,与再生层间形成热连接,因此相比厂拌沥青混合料,HIR的可压实时间更长。加热设备的作用宽度一般比处治宽度大100~150mm(4~6in),使得道路相接处材料受热软化,这就使现有路面与再生层形成热连接,减少纵向接缝的产生。

8.2 表面再生

表面再生最早出现于20世纪30年代,并在20世纪60年代中期得到广泛应用。表面再生还有很多其他的名称,如加热—翻松、加热—铣刨等。表面再生一般用于减缓道路表面不平整、裂缝,恢复铺面表面性能。表面再生可用单级或多级方式,包括以下过程:

(1)现有道路上面层的干燥和加热。

(2)使用弹簧加荷齿耙或小半径滚筒铣刨,翻松已加热软化道面至19~50mm(0.75~2in)深。

(3)根据需要添加再生剂。

(4)拌和RAP至均匀状态。

(5)使用自由悬浮式刮铺机或改良沥青混合料摊铺机摊铺再生混合料。

(6)使用常规压路机碾压再生混合料。

(7)根据预期交通量需要增加上覆层。

(8)表面再生工艺中不添加新集料或新混合料,因此对现有路面的改善仅限于旧沥青再生。生产率大致为1.5~15m/min(5~50ft/min)。

表面再生生产率主要取决于以下因素:

(1)环境温度和风力状况。

(2)道路几何线形,如车道宽度、纵坡、平曲线转角、弯道数量、道路断头等。

(3)原路面混合料特性,如黏度、级配、沥青类型等。

(4)原路面含水率。

(5)是否有表面处治,如磨耗层、封层等。

(6)加热设备数量及功率。

翻松材料中再生剂的添加一般用电脑控制,与设备运行速度有关,如图8-10所示。再生剂的使用速率与旧沥青老化程度、再生剂类型和混合料设计要求有关,一般为2L/m²(0.5gal/yd²)。再生剂与RAP进行均匀拌和,如图8-11所示。某些操作中,再生剂在道路翻松前加入,这种情况下,齿耙、螺旋钻和滚筒不仅可以翻松路面,还可以进行混合料拌和,如图8-12所示。

通常将再生剂加热至接近供应商推荐的最高温度。加热再生剂能够提高再生剂在RAP中的分散程度。如果再生剂是乳化沥青,会吸收RAP部分热量蒸发乳化沥青中的水。因此,为弥补这部分水蒸发所需的热量,应提高RAP温度。

使用加热翻松装置配备的自由悬浮式刮铺机整平摊铺再生混合料,如图8-13所示。有些承包商会使用改良的沥青混合料摊铺装置进行再生混合料摊铺。

刮铺机通常采用人工控制以保证摊铺前混合料充足,加热、振动熨平板提高混合料初压效果,然后采用压路机进行复压。再生混合料冷却后可开放交通,但一般会再铺设上覆层,如表面磨耗层、封层、微表处或沥青上覆层。图8-14为道路表面再生前后状态。

图 8-10　翻松材料中添加再生剂

图 8-11　螺旋钻拌和

图 8-12　翻松前加入再生剂

图 8-13　自由悬浮式刮铺机

图 8-14　表面再生前后路面对比

8.3　复拌再生

单级复拌产生于 20 世纪 70 年代末、80 年代初的欧洲和日本,多级复拌产生于 20 世纪 80 年代末、90 年代初的北美。复拌设备有很多种类、规格,包括是否添加外掺料。有时,这些过程有不同的名字,但都可归类为复拌。复拌的适用条件为:

(1)现有路面出现特定损害,物理特性有待改善。通过选择合适的再生剂和外掺集料或混合料,改变集料的级配和物理特性、沥青特性和混合料稳定性。

(2)不铺设上覆层时增加路面厚度,厚度增加一般低于 19mm(3/4in)。

(3)再生混合料用于路面功能型上面层。

复拌再生一般包括以下过程:

(1)现有路面上层的干燥和加热。

(2)翻松、铣刨已加热软化的沥青层。

(3)已软化材料运送至拌和室(搅拌机或拌和滚筒)。

(4)根据混合料设计需要添加再生剂或外掺料(新集料、新混合料)。

(5)将所得材料进行拌和得到均匀的与常规沥青混合料相当的再生混合料。

(6)使用自由悬浮式刮铺机或常规摊铺机摊铺再生混合料。

(7)使用常规压路机碾压再生混合料。

可根据需要在复拌过程中添加外掺料。新集料可单独添加,但为了减少扬尘、降低集料加热成本、提高生产率,一般以热拌沥青混合料的形式添加。

外掺混合料和再生剂的添加均由电脑控制,与复拌设备行进速率有关。采用阀门控制外掺混合料和再生剂的添加与终止。外掺混合料和再生剂的添加速率与沥青老化程度、再生剂类型和混合料设计要求有关。再生剂添加量一般为 $2L/m^2$ ($0.5gal/yd^2$)。外掺混合料掺量一般不超过30%,有时不添加外掺混合料。

对所有设备而言,外掺混合料和再生剂都在拌和前添加。外掺混合料由拖运车送到拌和室前某设备前端的装料斗,加入 HIR 车组,如图8-15所示。不同承包商可能将外掺混合料运送至车组的不同位置。再生剂的添加一般越早越好,以保证再生剂在旧沥青中的渗透。

图8-15　拖运车向 HIR 车组中提供外掺混合料

进入拌和室的松散再生混合料平均温度应该达到 $120\sim150℃$ ($250\sim300℉$)。混合料采用拌和设备自带的自由悬浮式刮铺机或常规摊铺机进行摊铺,如图8-16所示。通常,对熨平板进行加热并振动或捣锤,自动控制横坡与纵坡。上层再生混合料温度一般达到 $110\sim130℃$ ($230\sim265℉$),下卧层温度一般会被加热至 $50\sim80℃$ ($120\sim180℉$),层间可以形成热连接。

一般先用轮胎式压路机初压,然后采用双钢轮振动式压路机进行终压,但有些承包商只使用钢轮压路机进行静压。

复拌的生产率为 $1.5\sim15m/min$ ($5\sim50ft/min$),其主要取决于:

(1)环境温度和风力状况。

(2)道路几何线形,如车道宽、纵坡、平曲线转角、弯道数量、道路断头等。

(3)原路面混合料特性,如黏度、级配、沥青类型等。

(4)原路面含水率。

(5)是否有表面处治,如磨耗层、封层等。

(6)加热设备的数量及功率。

(7)外掺混合料比例。

(8)处治深度。

图 8-16　混合料摊铺机摊铺 HIR 混合料

8.4　重铺再生

重铺再生工艺产生于 20 世纪 50 年代末、60 年代初的北美,已有稳定的发展。重铺再生主要包括:

(1)现有道路面层的干燥和加热。

(2)铣刨、翻松已加热软化路面。

(3)根据混合料设计需要添加再生剂。

(4)拌和混合料至均匀状态。

(5)使用整平板摊铺再生混合料。

(6)铺设上覆沥青层。

(7)碾压再生层和上覆层使之形成热黏结。

重铺再生一般应用于:

(1)恢复道路纵坡与横坡,提高表面性能,如摩擦系数。

(2)铺设薄层沥青罩面作为面层,需要厚度不超过 57mm(2.25in)的新 HMA 提高路面厚度。

重铺再生可铺设超薄罩面,如 12.5mm(0.5in)的面层。这是因为较高的温度能够使得上覆层被压入下卧再生层。超薄罩面一般比其他养护铺设的 25～37mm(1～1.5in)沥青层更薄。特殊混合料,如开级配抗滑面层、聚合物改性沥青混合料和超薄黏结层也应用成功,为业主提供了一系列满足道路需求的面层选择。

重铺再生对现有路面进行再生,HIR 车组的最后一部分设备在不碾压再生层的情况下进行上覆沥青层铺设,保证两层混合料同时碾压,如图 8-17 所示。上覆层混合料通过拖运车供给至 HIR 车组装料斗,然后分配至已整平的再生混合料上方的整平板,如图 8-18 所示。再生层和上覆层间形成了热黏结,因此无须黏层。

两个整平板均进行加热、振动和捣捶,并带有自动横纵坡控制。碾压过程中,下卧未处治路面、再生热沥青混合料和上覆热沥青层间形成热黏结。一般先采用轮胎式压路机进行初压,然后采用双钢轮振动式压路机进行终压。

重铺再生的处治深度一般为 25～50mm(1～2in),处治厚度与上覆沥青层厚度有关。上覆沥青层和再生层的总厚度超过 75mm(3in)时会给摊铺、碾压及路面平整度带来不利影响。一般再生层厚度和上覆沥青层厚度为 25～50mm(1～2in)。图 8-19 所示为重铺前后道路状况。

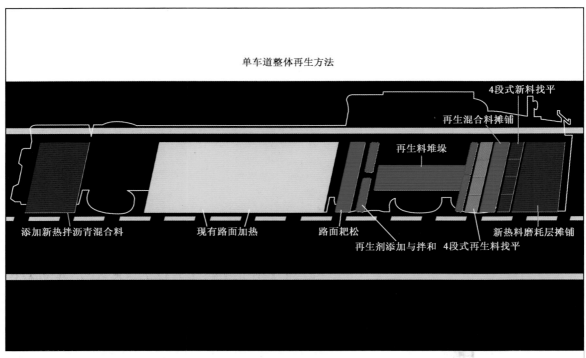

図 8-17　HIR 重铺再生原理图

图 8-18　重铺再生拖运车卸载热拌沥青层混合料

重铺再生的生产效率为 1.5 ~ 15m/min(5 ~ 50ft/min),主要取决于:

(1)环境温度和风力状况。

(2)道路几何线形,如车道宽、纵坡、平曲线转角、弯道数量、道路断头等。

(3)原路面混合料特性,如黏度、级配、沥青类型等。

图 8-19 重铺前后路面对比

（4）原路面含水率。

（5）是否有表面处治，如磨耗层、封层等。

（6）加热设备数量及功率。

（7）再生层处治深度。

（8）上覆沥青层厚度。

第9章　就地热再生规范与检验

　　和所有的道路施工方法相同,为保证施工质量及再生路面的性能,有两个重要步骤,一是制定一套合理公正的规范,二是在施工期间进行检测以确保达到规范要求。

　　规范界定了承包商对业主的义务,因此,为保障业主权益,规范需足够具体。落实规范要求的标准,可以保证项目较好的质量水平。

　　建立有效的规范时,应注意对不同的工程选用不同种类的规范,且规范中需包含合理的参数,以保证处治后路面的长期性能。建立有效的施工规范的关键在于选择合适种类的规范,以保证工程结束后达到预期。

　　目前关于如何选用规范类型(方法、结果或质量保证)还没有统一的标准。业主通常采用不同的规范类型对材料和设备进行限制,并对工程结果设定最低水平。这种条件下,承包商能够在满足最低要求的条件下自主选择设备、材料和施工方法。但是,这些限制会提高承包商不能满足项目要求的风险。

　　方法式规范要求业主详尽描述为达到工程预期质量所采用的设备和工艺。方法式规范要求持续的施工监测,且监测人员需与承包商保持紧密联系,确保承包商的配合。一套好的方法式规范需要业主准备各施工阶段所需的规范说明。

　　结果式规范中,业主给出特定时间间隔下项目的预期结果及最终性能结果检测方法。承包商可自主选择施工方案、设备、生产配合比、再生剂、外掺料和施工流程。在规定的时间进行性能测试,以确定工程是否满足合同最低要求。材料测试及现场测试结果通常都是基于统计学,因此规范中应予以一定的施工质量变异性。建立结果式规范的主要难点在于质量控制指标的选择及其最小值的确定,以及测试间隔的确定。质量控制指标应直接或间接与性能相关。

　　质量保证式(QA)规范基于随机抽样和大量测试的数据。QA 规范给出了使得材料或施工达到最佳水平的合理方法,是实用可行的。同时,QA 规范还考虑了过程和结果的变异性及其给业主、承包商带来的风险。QA 规范还包含奖罚制度,以鼓励承包商达到更高的质量。

　　HIR 工程中,一般使用多个规范。业主通常规定了所需设备,也可能规定一部分施工流程。生产配合比,根据需要添加的再生剂、外掺料及其掺量由业主或承包商确定。业主通常有权利审批、修改承包商的生产配合比。规范需详细规定路面温度、料温及施工温度的最大值和最小值、再生剂及外掺料的性能与掺量、最终相对密度、表面平整度、横纵坡,有些业主还规定了混合料的性能要求。经验丰富时,趋向于使用结果式规范。

9.1　质量保证

　　质量保证(QA),被美国交通运输研究委员会 TRB 通告 E-C173 定义为"高速公路质量保证术语",截至 2013 年,包含工程项目在使用年限内性能满足要求所需的所有计划和系统操作。好的 QA 计划需使得 HIR 工程无论使用哪种规范,性能都能满足要求。与其他现场施工一样,HIR 回收的路面可能会由于大修,如补丁、罩面等出现级配、沥青含量、性能变异性。好的 QA 计划不能太复杂,否则不能考虑原路面自身的变异性,但需要能够确定 HIR 的适用性并识别需改变 HIR 过程的不均匀区域。

　　所有规范的验收部分都包含一定的材料取样和测试。这些要求应与施工方法、过程/质量控制及最终性能相对应。HIR 是一个可变的工艺,为了达到最佳性能,可能会根据需要改变碾压方式、再生剂及外掺料掺量。

　　HIR 施工时与厂拌沥青混合料相似。大多数业主采用的 HIR 规范与常规沥青路面规范相近,但HIR 使用了 100% RAP,且 RAP 占再生混合料含量的 70% ～ 100%。因此,原路面的变异性会显著影响再生路面的变异性。规范应考虑 HIR 承包商不能控制原路面的变异性。业主检测人员应该知道,HIR 过程中混合料设计可能会根据现有路面的不均匀性进行适当调整,尤其是当路面出现不同程度的损坏或经历了不同的养护措施,应在不重新进行混合料设计的条件下根据施工阶段进行细微调整及验收。

9.2 工程规范和检测要求

HIR 施工一般参照由常规沥青路面规范改进的 HIR 规范。为了与最新的 HIR 规范相一致,本章不给出特定的规范举例。本章给出 HIR 规范相对应的指南。ARRA 技术相关的工程选择和预工程评价的指南见 ARRA's 400 系列。业主可与当地 ARRA HIR 承包商联系,或进入 ARRA. org 网站获得更多信息。

对于结果式或 QA 式规范,承包商基本可自主进行设备选择,生产配合比设计,再生剂和外掺料种类、掺量选择。业主给出材料性能测试。结果式或 QA 式规范还给出以下预施工阶段需要注意的地方:

(1)基于数量的划分(长度、面积或数字)。

(2)测试频率。

(3)随机取样方法。

(4)测试芯样尺寸。

对于方法式规范,对设备的要求可能包括整个再生过程。业主为混合料设计选择材料,包括再生剂和外掺料的种类和掺量(再生混合料中所占比例)。

很多业主已经有很多 HIR 方面的经验,并根据当地材料和环境状况有了自己的一套规范。不同地域的规范可能不能通用。大部分 HIR 规范都包含了设备、材料、施工方案、质量控制、验收检测的综合规范。

9.2.1 总则

总则,一般一至两段,大致介绍工程概况。应注明使用的 HIR 方法,如表面再生、复拌再生或重铺再生。另外,还应说明单级再生和多级再生的要求。总则可以与业主现有的 HIR 有关的规范或其他承包商需遵守的文件相一致或不一致。

一些规范用一节列出规范中的术语和定义,尤其是当第一次使用 HIR,大家对 HIR 都不了解的时候。

9.2.2 施工前人员培训

为保证合适的质量控制程序,承包商和业主方的 HIR 施工相关人员应进行施工前人员培训。培训地点应方便承包商和业主双方人员,且离 HIR 起点较近,以保证跟进最新情况,培训期间发生问题时有时间解决。如需跳过培训,需出具证据表明该人员已经成功进行过 HIR 施工、质量控制及验收测试。培训师应有 HIR 施工及材料测试经验。承包商和业主应就课程讲师、课程内容和培训地点达成一致。

9.2.3 处治深度

处治深度的控制对 HIR 的连续性十分重要。对 HIR 而言,原有道路的约束导致 HIR 分布厚度的控制受限。可使用以下方法控制 HIR 处治深度:

(1)铣刨翻松前后进行旋进水平调查。

(2)铣刨翻松后测量外边缘深度。

(3)单位面积铣刨材料称重并采用压实后单位重量换算成处治深度。

(4)测量整平板后未压实混合料深度。

道路的厚度和坡度要求会根据现有道路状况和 HIR 方法变化。表面再生很难改变道路剖面。添加外掺料的复拌和铺设上覆层的重铺可以改变道路剖面。但是,对于坡度误差超过 0.5% 容许误差的路面,规范应规定连续再生厚度、铺设厚度或预期坡度。这种情况下,应对无法满足厚度和坡度要求的路面先进行铣刨。现有道路断面能够满足 HIR 要求时,可以对厚度和坡度进行说明。应采用水平直尺对摊铺和碾压后的坡度进行定期检测。

无论使用哪种工艺,都需进行一系列独立检测,以获得具有代表性的 HIR 处治厚度及坡度。

9.2.4 材料要求

HIR 应由 RAP、根据需要添加的再生剂和外掺料均匀拌和形成。材料组合及比例根据混合料设计和项目要求确定。

再生剂应满足业主规范或其他已出版规范,如 AASHTO 或 ASTM 要求。再生剂应该在再生混合料中均匀拌和以保证材料均一性。根据现有混合料性能和预期混合料性能确定是否需要添加外掺混合料或集料。根据混合料设计确定需要外掺料时,材料需满足业主规范要求。但是,一些工程中需加入特殊混合料或特殊集料进行级配调整。是否符合要求可以通过收集工程材料供应商的合格证明书进行验证。合格证明书应该包括满足业主要求的材料测试结果。可根据业主要求对材料进行抽样检测做进一步核实。除了合格证明书,还应采用温度计或红外温度测试仪检测每斗料温。

基于 HIR 特性,再生剂的用量一般为体积掺量,容差范围一般在 ±5%。如果采用外掺料调整材料特性,容差率一般也在 ±5%。再生剂和外掺料的添加速率应与再生车组前进速度和处治深度相关联。如果实际处治深度与要求处治深度出现偏差,则应调整添加速率。这会反过来影响混合料特性及性能。添加速率应根据车组前进速度和处治深度的变化进行调整。添加系统应对预期 HIR 处治深度进行校准。处治深度发生变化时,添加速率也应进行调整,以保证再生剂及外掺料的精确控制。

再生剂的添加速率通过一定面积的用量检测及反算进行监控。再生剂的用量通常采用某种累加器进行记录。外掺料的使用速率通过记录拖运车供给量和再生距离进行校核。使用速率应全天复核。

如果只使用新混合料进行坡度校正,无须监控使用速率,应保证整平板前端有足够新料。

9.2.5 混合料设计

如果业主没有提供混合料设计,承包商应进行混合料设计并得到业主审批。混合料设计应采用 HIR 过程中出现的代表性材料。现场材料发生变化时,应进行附加混合料设计以覆盖工程总体代表性材料。HIR 过程中应对现场混合料进行代表性样品抽检并送至 AASHTO 或业主审批的试验室进行测试。混合料设计时的样品成型与测试应按照第 7 章所述进行。混合料设计应是再生剂和外掺料添加比例的基本依据。混合料设计应该给出所需再生剂和外掺料的容许误差范围,允许承包商现场适当调整混合料,以保证施工顺利和混合料性能。

9.2.6 设备要求

再生设备应该能够加热、拌和 RAP 及混合料设计给出的再生剂和外掺料,得到均匀的再生混合料。再生混合料的摊铺设备应该能够控制线形与坡度。

对于结果式或 QA 式规范,设备由承包商自主选择。三种 HIR 工艺均能生产满意的产品。对于综合规范或方法式规范,业主可能会根据经验给出特定的设备要求和碾压温度要求。如何选择合适的 HIR 设备详见第 6 章。规范对于设备的要求可包括:

(1)加热设备种类及能源类型。
(2)最低热量输出、加热设备数量或设备最低生产能力。
(3)排放控制。
(4)铣刨翻松设备类型。
(5)再生剂添加方法、控制及准确性。
(6)外掺料添加方法、控制及准确性。

（7）再生混合料的拌和及均匀性。

（8）摊铺设备类型。

（9）碾压设备数量及种类。

还可能包括业主对设备的预审核或接收。某些情况下规范还包括试验段，以供业主对设备、承包商及工艺的评价与审核。

9.2.7 施工方案

在再生材料的加热、拌和、摊铺及压实过程中，可能会对再生剂及外掺料进行调整以达到最佳性能。调整过程应由有经验的人员公正进行。所有调整均应记录在案并提交至业主。

1）道路准备

HIR 工作前，应清扫、铣刨或采用其他手段清除道路上的粉尘、植物、积水、可燃物、油、突起的道路标线及其他障碍物材料。热塑性标线及橡胶填缝料应采用冷刨或其他手段去除。冷涂料可直接回收进混合料。

工程划分应与混合料设计阶段确定的不同再生剂或外掺料使用相对应。应检查地下障碍物及燃气管道以免受到损伤。

基层应为施工设备及再生混合料的碾压提供稳定的支撑，不产生沉陷。HIR 施工前应稳固软弱基层。

2）天气

天气情况应与厂拌沥青混合料要求相同，但近期下雨对 HIR 的影响比常规混合料施工更大，因为需要更多的热量干燥路面。

3）试验段

生产的第一天应修建试验段供业主评价审核设备、施工方案及工艺，确保施工过程能够满足规范要求。试验段的尺寸应足够证明设备、材料和工艺能够加热现有路面并生产满足规范要求的再生层。应验证再生材料中再生剂和外掺料的最佳比例，并给出效果最好的碾压方式。

施工后应确定试验段的相对压实次数。如果试验段的相对压实次数不能达到密实度要求，需施工额外的试验段确定再生混合料在现有现场条件下能达到的最大压实度。应严格遵守已确定的碾压方式以保证 HIR 全区域的压实度。第一天 HIR 操作应持续进行，除非设备或工艺不能满足要求。不能满足要求的试验段应重新施工。除非业主同意调整，后续操作应使用和试验段相同的设备、材料和施工方法。进行调整后应构建新的试验段。

承包商提供证据证明之前使用相同的设备、人员和材料时结果满足规范要求，此时业主可能会允许不构建试验段。

4）路面及混合料加热

加热设备加热宽度应比处治宽度宽最少 4in（100mm），加热软化相连处路面以形成现有路面和再生层间的热连接，从而减少纵向接缝。加热现有路面时应注意减少沥青老化，同时还应保证：

（1）水分已被蒸发。

（2）路面足够软化，铣刨时不会出现较大的级配离析。路面翻松温度平均为 110～150℃（230～300℉）。

（3）HIR 混合料中再生剂和外掺料能够完全拌和均匀。

（4）碾压温度充足，一般为 110～130℃（230～265℉）。

HIR 过程中可能会出现少量的集料破损。破损程度与 HIR 工艺、设备及总体工艺有关。一般，集料破损程度可以忽略。但处治深度超过路面热传导软化路面深度时集料的破损可能会加剧。

目前没有明确的试验表明加热过程何时会使得沥青老化程度显著加剧。最高加热温度一般不要超过 190℃（375℉）。有一些可视指标可以表明加热过程需进行调整，这些现象包括：

（1）冒黑烟。

（2）HIR 路面表观不同。

（3）道路表面烧焦。

（4）HIR 宽度内温度变异性过大。

加热设备排放物为白色且迅速消散表示路面水分通过水蒸气移除。黑烟一般表示沥青中的碳氢化合物发生燃烧。这种情况发生时,应立即进行纠正,如减少加热设备密度,提高加热设备至路面距离或加快加热设备前进速度。

纵向和横向的路面加热应保持均匀持续。这能使得处治厚度均匀,混合料拌和均匀,达到满意的压实度和黏结。路面温度由温度计或手持式红外温度检测仪测量,如图 9-1 所示。为了确定内部温度应将下层材料露出。

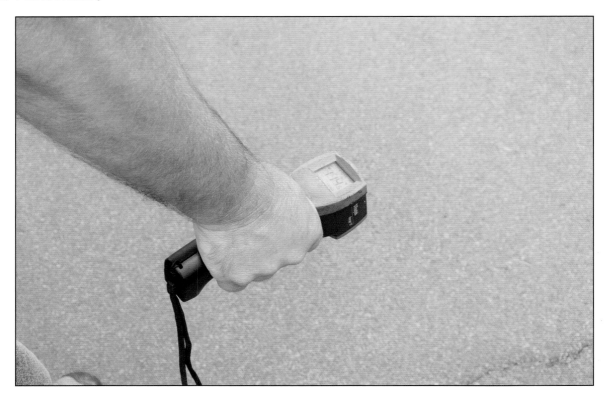

图 9-1　采用手持红外温度计测量路面温度

HIR 过程中应持续测量不同位置的温度。测量位置根据 HIR 设备规格确定,但应包括以下位置:

（1）预热设备末端。

（2）最后一次加热前。

（3）最后一次拌和前。

（4）整平板后方。

5）现场材料特性

对于结果式规范,将常规混合料的生产配合比容差应用到 HIR 混合料特性时应包括:

（1）沥青含量及流变特性。

（2）集料特性及级配。

（3）再生混合料体积参数、稳定度及流值、抗滑性及抗车辙性能。

但是,现场再生本身变异性导致最终结果很难达到严格相同。混合料特性和性能测试应在混合料设计阶段和现场进行,但必须设定生产配合比的容差与规范说明这种内在变异性。

大多数情况下,为满足混合料体积参数要求,现有路面都是在最佳油石比左右。随着时间推移会出现沥青老化及集料破损。HIR 中,采用再生剂再生老化沥青时会提高沥青用量,并导致混合料空隙率下降。确定 HIR 的空隙率时应保证 HIR 路用性能与常规混合料相当。但是空隙率可能会比常规混合料偏低。

如果需要调整 HIR 混合料的高沥青含量和低空隙率,复拌过程可以添加新集料。通常添加新集料可以提供空隙率至常规混合料水平,但混合料可能会偏干。尽管最终空隙率能达到可接受范围,但有效沥青含量降低,沥青膜厚度降低,并最终导致混合料耐久性下降,使用寿命下降。

为 HIR 混合料制定规范时,需注意到 HIR 混合料与常规厂拌沥青混合料的物理指标相同并不代表路用性能相同。通常物理指标相同时 HIR 路用性能有所下降。HIR 规范的目的是基于路用性能测试,在考虑 HIR 变异性容差的情况下,获得与常规混合料相同路用性能的 HIR 混合料。

连续的 HIR 切口中不应与非再生路面出现缝隙。连续切口间的纵向接缝应重叠最少 75mm（3in），横向接缝应最少重叠 0.3m（1ft）。

摊铺过程中应注意避免出现碾压后路面的离析、开裂或麻面。HIR 应减少人工操作,避免离析。

6）碾压

再生混合料一般在整平后立即由双钢轮和轮胎式压路机组合进行碾压。需给出能满足压实度要求的碾压模式以确定碾压次数和压路机配置。应全天采用密度计定时检测压实度。应根据取芯进行密度校准,并检查其结果是否满足项目规范。

为确定再生混合料是否达到足够的压实度,比较现场混合料密度和最大理论相对密度或根据 AASHTO T209（ASTM D2041）确定的 G_{mm}。根据原路面的自身变异性,G_{mm} 应根据路面或材料变化进行确定。自身变异性会影响试验室试件和现场试件的密度,进而影响压实度计算结果。压实度要求一般与常规混合料相同,为 92% ~ 95%,但应注意不要过度压实 HIR 混合料,否则空隙率会下降至要求范围外。

9.2.8 表面容差

一般采用再生设备自带的整平板或单独的混合料摊铺设备进行再生混合料摊铺。使用外掺料的复拌过程和重铺过程的新料铺设时,可以采用量油尺或测量整平板后未压实混合料厚度校核分布厚度,对碾压后路面进行周期性取样,进行厚度复核。采用精度调查、麻线或直尺复核坡度。

9.2.9 平整度

为了达到最佳平整度,HIR 混合料应避免离析和表面损害。规范通常规定使用三米直尺测量再生路面的平整度,任意方向不规则应小于 10mm（3/8in）。应测量不同位置与道路方向平行和垂直方向的平整度。国际平整度指数（IRI）、平均平整度指数（MRI）、断面指数（PI）、行驶指数（RN）等被应用于沥青和水泥路面的指标也被用于评价 HIR 路面平整度。但不铺设上覆沥青层时,表面再生型 HIR 可能无法达到相同的平整度。平整度一般能比现有道面提高 50%。对复拌型 HIR,尤其是使用外掺料改善表面损伤时,平整度能得到更高比例的提高。重铺式 HIR 能够达到与同厚度厂拌沥青混合料相同的平整度。

9.2.10 养护

开放交通后应在保证交通安全的条件下进行再生路面养护。HIR 面层养护包括防治水损害、有害物质及其他损伤。危害再生材料完整性的损害应得到修复。由于下卧层支撑能力不足或防水设备损害导致的 HIR 材料损害是设计问题,不在养护合同范围内。下卧层支撑能力不足导致的损害应在业主指导下由承包商进行修复,成本应由业主承担。

9.2.11 质量控制及业主验收测试

应进行质量控制或业主验收抽样检测以保证 HIR 符合项目规范。规范通常会给出取样频率和测试方法,测试方法应该为 AASHTO 或 ASTM 方法或业主的改进方法。

承包商或业主应提供相应资质的工程师、试验室及 HIR 抽样检测人员。如果由承包商提供,试验室及抽样检测人员应在投入工程使用前由业主评估审核。业主应该公开试验室、抽样检测数据,混合料设计和质量控制结果。

9.2.12 检测与付款

规范应给出的工程量计算方法和款项包括:

(1)动员与遣散。

(2)交通管控。

(3)表面处理准备。

(4)全部 HIR 工作。

(5)再生剂和外掺集料及混合料。

(6)不稳定基层维修。

动员与遣散应作为独立款项一次性付清,以促进 HIR 所需设备的交付,避免数量调整引发的争议。

HIR 的交通控制一般作为独立款项或总体交通管控款项的一部分。交通管控偶尔(偶然情况)会纳入 HIR 款项。

表面处理准备包括清扫道面有害物,一般是 HIR 操作附带过程。其他项一般作为独立款项,如 HIR 前现有路面局部维修、路面铸件维修与抬高、HIR 前找平混合料的供给与摊铺、HIR 前冷刨校正道路坡度、表面再生的上覆面层或复拌所需混合料等。

全部 HIR 工作量一般按规定深度下平方码(平方米)计算付款。最终款额与给定面积的处治次数、所需重叠宽度、材料硬度或再生材料种类无关。HIR 款项一般包含为到达规范要求的整个 HIR 过程所需的所有劳动力、设备、工具和其他杂费,包括道路清扫、加热、翻松、拌和、摊铺和碾压,要求承包商提供的包含混合料设计的 QC 测试、PPT 培训与指导,测试结果获取与记录。

再生剂和外掺料一般作为独立款项按吨(公吨)付款。数量基于认证的交付重量凭据,减去未使用部分。款项包含所有再生剂和外掺剂的供应与添加,包括运输、存储、HIR 中的应用、包装处理、损耗和过程中的安全措施。

如果招投标阶段就知道要进行不稳定基层维修,则作为独立款项,以不同的单位付款。如果 HIR 过程中发现未预见的基层不稳,则应根据业主需求作为强制账目付款。

9.3 特殊条款

作为 HIR 规范的附录,特殊条款用于表明特定项目要求,如:

(1)工作范围。

(2)施工计划、分区或工作时间限制。

(3)货运路线要求。

(4)交通调控要求。

(5)承包商间相互影响与合作。

(6)设备停放与存储。

(7)混合料设计信息。

(8)其他现场特殊要求。

详尽项目分析调查确定的现有材料状况和代表性取样的测试结果通常也放在特殊条款内。分析数据应包括：

(1)现有路面结构,包括各层厚度。

(2)沥青层的沥青性能。

(3)沥青层的集料级配。

(4)所有地面及地下公共设施及铸件的位置。

(5)混合料设计初步结果。

第四部分　冷再生(CR)

第10章　冷再生工程项目分析

冷再生(CR)是施工过程中无须加热的沥青路面维护和重建方法。冷再生可以分为厂拌冷再生(CCPR)和就地冷再生(CIR)。

厂拌冷再生(CCPR)是将旧料(RAP)集中拌和处理生产后,立刻使用或堆积起来供以后使用的再生混合料的工艺。道路重建中有的面层不能就地再生而有的面层必须清除以处治基层材料,因此厂拌冷再生多用于道路重建中。虽然厂拌冷再生就技术上而言并不是就地处理,但由于项目回收的旧料仍用于原项目,ARRA仍把它和其他就地处理方法归入同一个类别。当然,如果不同来源的旧料充足时,厂拌冷再生也可以用在新建工程中。固定旧料来源的厂拌冷再生用于新建工程或罩面时,整个工程需要采用一套相同的设计、施工与质量控制标准。

就地冷再生是利用从一节到多节的列车状装置就地再生沥青面层的工艺。在冷再生中,现有的沥青面层冷刨形成旧料,然后通过工艺变为再生后的混合料,然后摊铺并压实,这一系列操作在道路上连续不断地进行。

冷再生工艺,与其他面层再生工艺类似,应该在恰当的时间应用在恰当的项目中。因此,选择合适的冷再生工艺与好的规范以及高质量的施工,对路面长期性能的影响都是同等重要的。

就地冷再生多用在处治高频、高刚度下非荷载条件下伴生的损坏。当冷再生与沥青罩面同时使用时能够增加铺面结构的承载力,因此也可用于处理荷载相关损坏。冷再生能够处治的路面损害包括:

(1)松散。

(2)坑槽。

(3)泛油。

(4)抗滑不足。

(5)车辙。

(6)波浪。

(7)拥包。

(8)疲劳裂缝、边缘裂缝和块裂。

(9)滑移裂缝,纵向和横向温缩裂缝。

(10)反射裂缝和间断裂缝。

(11)膨胀、拥包、凹陷和沉降引起的行驶质量差。

就地冷再生能处治许多常见的路面损坏,当然这也取决于处治的厚度,具体如表10-1所示,除非在再生过程中知道道路破损的原因,否则处理后道路的破损虽然可以减轻但不能消除。期望设计寿命、设计年限内路面性能和后期养护要求都和冷再生处治的厚度以及面层(沥青罩面或表处)种类与厚度相关。详细的项目分析将会进一步改进冷再生处治厚度和对面层的要求。

冷再生适用范围　　　　　　　　　　　　表10-1

病害类型		适用性
路表缺陷	松散	可行
	坑槽	可行
	泛油	可行
	抗滑不足	可行

病 害 类 型		适 用 性
变形	路肩变形	不可行
	车辙—磨损	可行
	车辙—混合料不稳定	可能可以[a]
	车辙—结构性	可能可以[b]
	波浪	可行
	拥包	可能可以[a]
荷载相关的开裂	疲劳—自下而上	可能可以[c]
	疲劳—自上而下	可能可以[c]
	边缘开裂	可能可以[d]
	滑移开裂	可能可以[e]
非荷载相关开裂	块裂	可行
	纵向裂缝	可行
	横向裂缝	可行
	反射裂缝	可行
组合开裂	接缝反射	可能可以[f]
	间断开裂	可行
基层/路基缺陷	膨胀、拥包、凹陷和沉降	可能可以[g]
平整度	行驶质量	可行
其他依据	所有交通等级	可行[h]
	乡村	可行
	城市	可行[i]
	剥落	可能可以[a]
	排水不畅	不可行[j]

注:a.能够通过添加如水泥、石灰和新鲜集料等添加物获得加强。需要通过混合料设计验证。

　　b.不能用就地冷再生,但能通过厂拌冷再生与基层材料加强处理。

　　c.确保结构要求能够被满足。冷再生与罩面可能需要组合应用。

　　d.在冷再生处理后需要提供路肩限制。

　　e.只要处治厚度超过滑移面。

　　f.可能不会修复损害,但会减轻损害。

　　g.能够通过厂拌冷再生与基层材料加强两者组合处治。就地冷再生可能不会修复损害,但能减轻损害。

　　h.只要在整个过程中,采用合适的铺面结构设计,冷再生混合料设计具有足够的初期及长期强度以确保未来交通的影响被加以
　　 考虑。为了提高混合料初期强度,可能需要加入添加物(水泥或石灰)。

　　i.几何约束可能影响再生类型种类或影响到底采用厂拌冷再生还是现场冷再生。

　　j.对于冷再生,排水条件必须较好,或者采用其他铺面处理来确保足够的性能。

10.1　历史信息评价

可获取的历史资料对冷再生处治厚度与面层要求的评估是有帮助的。施工记录是良好的信息来源,从铺面施工者手中获得的质量控制与质量验收记录才是最可靠的信息来源。历史与目前的信息与数据中需要加以评价的内容包括:

(1)道路已使用年限。

(2)过去的路况调查。

(3)现有路面结构厚度。

(4)路面结构层次状况。

(5)现有沥青种类及分级情况。

(6)集料的级配状况。

（7）夹层、路用纤维以及其他土工材料的使用情况。

（8）表面处理的情况。

（9）某些特殊混合料使用情况。

（10）养护活动。

路龄能很好地反映道路所用沥青的劲度与冷刨处理过程预期的强度。过去路况调查有助于评估道路衰变规律。

路面厚度影响处治的厚度。就地冷再生处治厚度多为 75～100mm（3～4in），当然，如果下卧层支撑良好，处治厚度也可薄至 50mm（2in），如果能提供适当的压实，处治厚度同样也能达到 125mm（5in）。更深的厚度可能需要采用双层处治。如果处治厚度等于沥青层总厚度，则增加了下卧基层粒料混入就地冷再生混合料中的风险。小部分优质粒料基层可以混入冷再生混合料中，但涉及细级配材料时需要特别谨慎。在冷再生混合料中混入未处理的粒料材料问题不大，但是粒料材料的掺量存在一个上限。这个上限必须在混合料设计阶段加以确定，一般而言，掺量通常不超过旧料质量的 25%。如果未加处理的粒料材料掺量超过 25%，需要更多的再生剂，总成本将会上升。此外，还会增加施工过程中出现离析的风险，尤其是当粒料基层的最大粒径较大或是级配较粗时。发生离析的混合料往往强度会下降，因此，离析对于再生铺面的整体强度有一定影响。

就地冷再生处治厚度应该超过分层处或黏结不良的沥青层，以避免该部分被冷刨机移除进而产生深度参差不齐的处理厚度。出现轻度剥落问题的路面已经可以用添加物成功处治，当然这必须通过混合料设计来验证。

当现有路面使用较软的沥青或含有溶剂的沥青时，通常会表现出稳定度下降，这时可能需要通过使用外加剂（水泥、石灰和新鲜集料）来提高稳定度。更硬的沥青可能需要额外的再生剂，因为现有路面中的沥青活性往往较低。

受冷再生所回收的面层最大公称粒径的影响，再生处治厚度受到混合料最大粒径的影响。冷再生处治的最小厚度应该为集料最大公称粒径的 3 倍。

含有纤维的路面可以进行再生，但是，再生层直接铺在含有纤维的面层上可能导致下卧层的层间分离。冷再生处治深度至少应高于纤维层 25mm，以免纤维的拉伸造成纤维层与其上混合料层的层间分离。冷再生工程承包商应该被告知路面纤维的存在，因为需要额外人员来移除尺寸大于 50mm 的纤维碎片，而产量也可能降低。

表面处理多使用较高的沥青含量，因此必须在混合料设计过程中加以考虑。此外，如果整个再生项目中表面处理不连续，应该记录表面处理的不同位置，因为可能需要采用不同的混合料设计。

诸如开级配的排水型面层、开级配抗滑层和 SMA 等特殊混合料对冷再生混合料设计与施工都有影响。不同寻常的表面纹理构造可能说明上面层特殊混合料的存在，而这在材料性能评估阶段还需要进一步评估。

维护记录包括裂缝灌缝产品的类型与时间以及路面修补材料类型与时间。这些材料能从两方面影响冷再生：一方面，它们影响再生混合料，因此需要在混合料设计时加以考虑；另一方面，它们说明路面结构强度可能存在不足。软弱的铺面结构和承载能力不足的路基会导致冷再生设备破坏路面。因为在压实设备压实过程中路面会过度变形，软弱的铺面结构同样也会使冷再生路面压实不足，而这反过来会导致处治时期的松散和面层铺设后的车辙或者早期疲劳损坏导致道路的年寿命减少。

10.2 路面评价

在详细的路面评价中，对路面损坏的类型、严重程度和频率都应该进行评价。虽然冷再生能处治大多数类型的路面损坏，但结构可靠同时具有良好排水的基层的开裂路面是最适宜冷再生处治的。图 10-1 显示适宜于冷再生处治的候选路面。冷再生处治打破了现有损坏模式，为新的面层提供了抗裂层，如沥青罩面或沥青表面处治。冷再生在减轻裂缝开裂上比较有效，因此大部分现有沥青面层应该尽可能用冷再生处治。沿裂缝深度移除越深，剩下的裂缝对路面性能影响越小。典型状况是，为了全面减轻反射裂缝,现有路面结构的70%厚度需要进行处治。铺设冷再生保护层和其下卧层,与简单铣刨填充相比,能提供更好抵抗反射裂缝的能力。凡是条件允许的地方,路肩也应尽量处理,以防止路肩裂缝扩散到邻近经过处理的车道。

图 10-1　适宜于冷再生处治的候选路面

处理厚度也受一次性能处理的最大厚度影响。通常而言,冷再生处治厚度多为 75 ~ 100mm(3 ~ 4in),当然,如果下卧层支撑良好,处治厚度也可薄至 50mm(2in),如果能提供适当的压实,处治厚度同样也能达到 125mm(5in)。更厚的处理深度也可能实现,不过为了保证充分压实,可能需要分两层实施。

大范围或频繁的面层修补增加了现有路面所用材料的变异性,这对冷再生混合料的性能存在影响。由于和原始路面相比,路面修补时间更晚且多采用不同的材料,因此面积较大且厚度也较大的路面修补处可能需要适合它们的特定的混合料设计。

磨耗型车辙很容易就能用冷再生处治。此外,适当选用再生剂改性,冷再生能够减轻轻微的混合料失稳造成的车辙。能够用来改性的材料包括聚合物、沥青劲度(黏度)调节剂以及诸如水泥、石灰、粒料等外加剂。当采用粒料处治失稳的混合料时,粒料应为粗且破碎过的材料,同时考虑成本,粒料掺量不得超过旧料质量的25%。结构性或深入底层沥青层或底层材料(基层、底基层和路基)的车辙损害可能需要全厚度再生或是土壤稳定处理。在任何一个给定的路段上,可能会同时出现多种类型车辙,因此在冷再生项目的设计阶段建议进行路面评估。

10.3　结构承载能力评价

结构承载能力评价有两个方面的问题需要解决:一是确定维修设计年限内预期交通量下所需结构承载力;二是施工期间现有道路结构支撑冷再生设备的能力。

第一步就是评价现有路面的结构承载力,并确定设计年限内预期交通所需结构承载力。如果现有路面结构承载力需要提高,则必须用标准加铺层厚度设计方法确定所需补强厚度。

当采用 1993 年 AASHTO 的路面结构设计指南计算所需补强厚度时,冷再生混合料的结构层系数通常在 0.3~0.35 之间。冷再生混合料的结构层系数取决于再生剂的用量与类型,同时还与是否采用添加剂有关。如果结构强度是基于试验室结果,那么这个数值可能不能反映冷再生混合料后期强度。由于再生剂的加强作用,冷再生混合料的强度在施工后仍有一定程度提高。施工后数月内,冷再生混合料的强度增长速率最高,而随后强度以逐渐减小的增长速率持续增长数年。每一个业主都需要确定合同文件选用的冷再生混合料的合适的结构层系数。业主也可采用其他的设计方法。

在本手册编写之际,AASHTO 的力学经验法的初稿提出冷再生混合料的结构层系数默认值偏保守,这也导致设计上的保守。等到 NCHRP 9-51(结构设计中就地冷再生和全深式再生的沥青混合料材料性能要求)完成,应该能提供一个更佳的基于力学经验法设计的冷再生应用指南。

当现有的路面结构承载能力足以满足预期交通量时,冷再生处治更多用于处理道路功能性损坏。既然无须提高路面强度,根据环境与交通流情况,薄的沥青罩面或表处即可用作表面层。例如,交通量很小的公路,从结构角度来看,只需要采用碎石封层处理,但为了预防铲雪操作的影响,可能还是需要采用双层碎石封层。相似地,城区道路无须结构性罩面,但为了抵抗转向和制动等交通行为,可能还是需要一层薄的罩面。

当由于预期交通量下现有结构承载能力需要加强时,如果此时现有道路并未出现结构破坏或基层承载力不足,采用冷再生沥青混合料进行沥青罩面能提高结构强度。当某处需要采用罩面时,很有必要对现有几何形状进行维护,例如路缘石与排水沟,沿着路缘前进铣刨路面会增大路面横坡,这时候也需要罩面。

结构强度严重不足或基层强度不足的路面并不适用于就地冷再生,这时需要考虑诸如全深式再生(详见第 14 章)或厂拌冷再生辅以路基加固等修复方法。不论选用哪种技术,铺面中任何独立的结构性问题的来源/原因都需要被确认与修正。如果结构/基层承载能力不足的区域小于工程面积的 10%,在进行冷再生处治前移除并采用沥青修补或集料基层等手段修补失效区域在经济上是可行的。如果采用集料基层修补,需要特别注意确保水不会聚集在修补区域无法排出。

对于结构评估的第二个问题,需要确定铣刨剩余路面结构和下卧层材料的荷载承受能力。这个评估对越薄的铺面结构越重要。就地冷再生设备荷载通常很重,且铣刨机清除现有道路后,铣刨机随后的设备仅由剩余道路结构支撑。如果剩余道路结构很薄或很软弱,设备可能冲击/剪切陷入下卧层中。

三个有效评估路面结构承载能力的方法分别是:探地雷达(GPR)、动力圆锥触探仪(DCP)和落锤式弯沉仪(FWD)。探地雷达能有效探测铺面结构厚度与其变异性。使用动力圆锥触探仪,通过钻取沥青面层暴露出粒料基层、底基层和路基材料来评价下卧层材料。很显然,如果在钻芯过程中使用水,由此产生的湿度可能影响下卧层材料上面部分的 DCP 值。荷载能力的评价通常与用于评价材料性能而钻取取样在同一位置进行。然而,对于薄弱的道路结构,应进行其他 DCP 测试以更全面地评价荷载能力和分离出薄弱区域。每个业主都需要确立它自己的 DCP 锥击次数与就地冷再生施工可行性标准的关系,因为它对材料类型和湿度状况敏感。通常而言,如果就地冷再生处治后还剩余不小于 25mm(1in)厚的沥青路面或 150mm(6in)厚的粒料基层,即使 DCP 的锤击次数很少,冷再生设备陷入道路的风险也很低。如果 DCP 的锤击次数非常少,为了保证冷再生设备不会陷入道路中,需要对剩余铺面进行加厚和加设集料基层。

DCP 结果可能会随着一年内基层和路基含水率的变化而变化。DCP 最好是在基层、底基层和路基含水率与施工时期相近时测得。如果这一点无法做到,则需要调整 DCP 评价标准以解决测试与施工时含水率的差异。

FWD 通过反算路基回弹模量和有效路面模量来评价包括基层、底基层和路基的现有道路结构的承载力。通过 FWD 产生的弯沉盆可以确定其他与路面各层劲度相关的参数。跟 DCP 测试一样,每个业主都需要根据当地状况建立自己的 FWD 评价标准。

10.4 材料性能评价

利用现有信息评述和路面评价结果,工程可分成具有类似材料或性能的多个区段。然后基于代表性取样的模式制订现场取样计划。这一模式包括在车道线或附近取样、在相邻轮迹带间或轮迹带上取样、在路面边缘取样,如果路肩也回收使用则在路肩上也取样。

现场取样一般用钻芯、锯块或小型铣刨机取得。但由于不同类型的小型铣刨机很难达到取样的一致性且费用相对昂贵,所以越来越少使用。和施工所用大型铣刨机相比,小型铣刨机铣刨速度、功率以及环境条件不同,不同的小型铣刨机往往产生不同的结果。和大型铣刨机相比,小型铣刨机获得试样的级配偏细,试样最大粒径偏细同时含更多矿粉[即通过0.075mm(No.2000)筛的材料]。和取芯或锯块相比,使用铣刨机在项目中获取多种试样会使道路破坏。此外,需要在获取整个项目内的现有路面厚度及连贯性的情况下,确保在最具性价比的位置取样。由于便于使用以及与真实情况相似,试验室用的能压碎和碾磨路表芯样的压碎机越来越得到广泛使用。现场取样在第11章会进一步讨论。

10.5 几何形状评价

详细的几何形状评价应该用以确定项目是否:
(1)需要重大改线、加宽或排水校正。
(2)妨碍设备可达性或机动性。
(3)需要坡度/横坡校准。
(4)含有或需要对地下设施/排水结构升级。
(5)含有桥梁/天桥。

如果需要改线、修正排水或减缓冻胀破坏,全结构再生可作为重建的一种替代方法。就地冷再生可以在整体项目的一个阶段使用或采用厂拌冷再生,尤其是当基层、底基层和路基出现大范围问题。如果应用厂拌冷再生,现有铺面结构先铣刨,然后储存材料供以后使用。下卧层材料要么移除替换,要么加固补强。然后把存储的旧料通过厂拌冷再生,最后作为路面结构层铺筑。

作为就地冷再生车组一部分的冷刨机通常配置宽2.4~3.8m(8~12.5ft)的铣刨鼓,同时还具有0.15~0.6m(0.5~2.0ft)的扩展宽度。因此,就地冷再生处治可以处治不同宽度的路面,范围为2.4~4.4m(8~14.5ft)。此外,追加的铣刨装置能够在就地冷再生车组前应用,进而能够根据需要扩展再生处治的宽度。

如图10-2所示,一台额外的小型铣刨机能够铣刨额外的宽度到目标厚度和横坡。然后小型铣刨机将旧料堆积在冷再生车组的大型铣刨机相邻车道的前方,大型铣刨机再处理所有的材料。额外宽度的大小受限于就地冷再生的处治厚度和铺路机/整平板的材料处理能力。由于厂拌冷再生的铣刨机独立于再生车组之外工作,厂拌冷再生所用的铣刨机并不受限于路面宽度和道路形状。

就地冷再生已经成功应用于为了拓宽路面而将现有由粒料组成的路肩纳入再生混合料中的项目中。为了获得成功,必须考虑以下几点:
(1)路肩必须有足够的粒料,而粒料中细料含量有限且塑性很低。
(2)路肩必须有足够强度支撑就地冷再生车组。
(3)回收得到的混合料应该限制现有的基层粒料质量不超过旧料质量的25%。

如果现有铺好的路肩要进行处治,则路肩宽度将影响怎样处治以及何时处治。宽度不大于1.2m(4ft)的路肩可与邻近车道一起用再生车组中加长到合适宽度的冷刨机或追加的冷刨机进行处治。而宽度大于1.2m(4ft)的路肩可能需要就地冷再生车组额外进行一次处治。路肩通常在第一次处治,而行车道在第二次处治,如此接合处就在车道线上。

图 10-2　就地冷再生车组前的预铣刨

当路面宽度并非是就地冷再生冷铣刨设备处治宽度的整数倍时,就需要部分重叠以保证全覆盖。就地冷再生冷刨机相邻两次行走重叠部分宽度至少应该不小于100mm(4in)。如果重叠部分超过0.6m(2ft),必须考虑重复行走时所用再生剂用量,以避免过量使用再生剂。理想情况下,冷再生层的纵向接合处正好和后续的沥青罩面纵向接合处重合。

道路的几何线形会影响就地冷再生处治范围,尤其是在市区。如果有足够的空间让设备离开,则就地冷再生设备可处理中等半径的弯道,如加速/减速车道、转弯处等。除非用小型铣刨机铣刨材料以便再生车组处治,否则T形交叉路口不能处理到T的顶部。此外,小型铣刨机能有效地与就地冷再生车组配合,使城市区域内所有道路便于再生,包括图10-3中所示沿着道路边缘。就地冷再生车组很难处理入口、死胡同、邮筒位置等短而窄的区域。在就地冷再生施工可行性论证与设计阶段,应重点关注工作区段长度,并考虑与厂拌冷再生进行比选。

就地冷再生工艺能够纠正在面层铺设前道路横断面和纵断面的微小缺陷。而对于显著问题的修正,可能需要考虑下列修正措施:

(1)如果现有沥青层厚度足够,在就地冷再生之前,可以通过冷铣刨来修正断面缺陷。

(2)在就地冷再生过程中,可以加入新的粒料或旧料来改进道路断面。这些额外添加材料需要在混合料设计阶段加以考虑。

(3)就地冷再生工艺能够用来尽可能地修正断面缺陷,然后可以通过额外的整平和/或面层材料修正剩余的断面缺陷。

(4)厂拌冷再生较就地冷再生应用更灵活、可靠。厂拌冷再生既能修正路面,同时也能铺筑任意断面,更具经济可行性。

对公用设施遮盖物(检查井和阀门)的存在、频率和高程均应进行评估。检查井和阀门应该至少低于就地冷再生处治厚度以下50mm(2in),同时应该精确记录其位置。检查井应该用坚固的钢板盖住,

图 10-3　在就地冷再生之前沿着路缘石与排水沟进行预铣刨以保护边缘线形

开挖的部分用冷的或热的沥青混合料回填。这样道路处治就能连续进行,就地冷再生的厚度和材料均匀性就能得到保证。在下面层铺筑后,定位检查井和阀门,再匀称地将检查井和阀门挖出并抬高到面层的表面以提供一个光滑的道路断面。现有地下公共设施

的任何升级工作都应在道路再生处理之前完成。在公共设备遮盖物数量众多且其高程很难降低地区,厂拌冷再生工艺更加适合。与铣刨和摊铺工艺类似,先铣刨掉公用设施附近的路面,然后把回收后的再生混合料铺筑回去。对于就地冷再生过程中单一的难以降低高程的公共设备遮盖物,其周围的面层铣刨回收混合料放置在再生车组前方,然后把铺面重新铺筑回来。公共设施之后再穿过最终的面层抬高至路面。

必须对桥梁的结构承载能力进行评价,以保证桥梁可承载再生设备重量。如果桥梁结构承载能力不足,应使用更轻便的厂拌冷再生替代。为保证设备通过,必须考虑天桥净高。

10.6　交通评估

起初,冷再生只是用于低或中等级交通量的道路上,但现在普遍用在重型交通等级的道路上,其中包括州际道路。纽约州交通运输部门研究结论表明,冷再生可用于重载交通,原因在于重载交通下,路面基层有足够的承载能力。如果考虑未来交通量在路面结构设计阶段采用合适设计并保证设计出的冷再生混合料有足够的早期和后期强度,那么就无须对冷再生适用的交通量提出上限限制。通常建议采用添加剂(水泥或石灰)来提高冷再生混合料的早期强度。

冷再生工艺由于比传统道路维修方法施工期要短,从而可实现交通中断和用户不便最小化。为进一步减少交通中断,冷再生可避开交通高峰期进行,但这会造成日生产效率的降低。通过选择合适再生剂和添加剂,可以实现夜晚施工。

依据现有道路宽度,就地冷再生将占用施工区域1~1.5个车道。在两车道的道路上,施工区内的单向交通可能需要通过合适的交通控制手段进行维持,这些控制手段包括交通指挥、车道划界装置和/或指引装置。狭窄的双车道道路增加了交通保畅的困难,尤其是当路肩宽度很窄或没有路肩时。如果道路狭窄,需要解决容纳大的/宽的货车或过大荷载的能力问题。厂拌冷再生由于使用更小型的铣刨机和更加灵活的货车,因此能更好地适应更窄的车道。

需要解决交叉口与商业道路的交通控制方案。由于就地冷再生工艺的速度较慢,交叉口与道路可能在较长时间内无法通行,交通通常用交通指引和车道分界设备进行控制。需要考虑缩减就地冷再生车组,其中包括摊铺和压实设备,以减少对横穿交通的干扰时间。图10-4显示了就地冷再生车组在城市环境下工作的情况。

图10-4 加利福尼亚州比弗利山庄的就地冷再生车组

10.7 施工可行性评价

由于就地冷再生设备很宽且相当长,在一些地区设备整晚停放是个问题。需要有足够宽的区域整晚停放,并用临时交通指示标志、警示灯和临时信号指挥交通。待处治道路的宽度将确定这是否可行。由于就地冷再生车组每天能处理2.4~4.8km(1.5~3mi),停放的位置/间隔是关键。通常停车区域应间隔3.2~4.8km(2~3mi)以减少每天设备出发和返回的行程。就地冷再生车组单个部分都有灵活的机动性,因此进入停车区域通常不是问题。

由于铣刨机难以保持足够的牵引力将车组拉到高处,因此陡且长的上坡道路很难用多设备的再生车组处治。然而,陡坡道路上都习惯再生设备从上下处治。单节或两节的再生车组能够处理更陡更长的上坡道路。对于所有车组,道路坡度超过6%及坡长超过760m(2 500ft)时,可能导致生产效率的下降。

就地冷再生车组需要4.3m(14ft)的竖向净空,而一些更小的单一车组和厂拌冷再生的铣刨机对净空要求较低。修剪长得出挑的植被方便就地冷再生施工。检查桥梁、隧道以及公用设施的跨度和净高。

就地冷再生设备与铣刨机通常能处治到路缘石和排水沟处。然而,对于边缘为垂直混凝土路段

（无排水沟），道路的一部分将处治不到。这些大型就地冷再生车组处治不到的区域可以先用小型铣刨机预铣刨，然后用整平板或者人工摊铺冷再生，与常规的沥青路面人工修补类似。

如果冷再生中需要添加新集料，那就需评价集料是否满足级配等材料要求。ARRA 推荐的施工指南（CR100 系列）提供了所需集料的建议指标。可以联系 ARRA 获取最新版的文件，也可以通过访问 www.ARRA.org 来获取这些文件。

10.8 环境影响评价

很少或没有阳光直射的大范围阴凉区域不利于再生沥青的渗入和初期修复，因此，在这些区域需要更长养生时间而压实则需要延后。大范围的阴暗区域需延长交通控制一天或更久，以确保开放交通时不出现松散。如果在寒冷潮湿的深秋或冬天进行施工，或当道路排水较差，或路面含水率高于平均值时，可能发生类似的养护状况/问题。在这种情况下，使用石灰、水泥是有益的。它们通常可以缩短养护期并提高早强，进而让施工区域更快开放交通。和所有的施工项目一样，就地冷再生现场一定会有噪声。这个问题在城市区域更为明显。由于就地冷再生速度快、施工时间短，因此和其他可替代施工方法相比，就地冷再生的噪声只是暂时的。

10.9 经济评价

当进行寿命周期成本分析时，各种冷再生维修方法的预期服务年限通常在以下范围内：
（1）就地冷再生辅以表面处治，6~10 年。
（2）就地冷再生辅以沥青层罩面，7~20* 年。
（3）厂拌冷再生辅以表面处治，6~10 年。
（4）厂拌冷再生辅以沥青层罩面，12~20* 年。
注：* 等效于业主的厚沥青路面服务年限。
一般冷再生处治路面的服务年限的限制因素在于沥青面层的服务年限而非冷再生混合料本身的寿命。不同冷再生养护/重建技术的效果与性能因业主不同而不同，主要取决于：
（1）当地状况。
（2）气候。
（3）交通。
（4）可供回收的现有材料。
（5）合适的结构设计。
（6）技术类型与应用可行性。
（7）所用材料的质量。
（8）工艺施工质量。
（9）项目工作标准。
（10）项目的经济性。

第11章　冷再生混合料设计

冷再生混合料设计是一道试验室程序,它建立冷再生混合料的生产配合比,用以满足项目规范要求并协助确保混合料满足再生路面的长期性能要求。生产配合比用于确定再生剂用量与类型,建议用水量和冷再生混合料的添加剂。虽然为了获得最佳性能再生剂含量在设计阶段可能还要进行调整,但对于所有冷再生应用都存在一个普遍性的混合料设计方法。

现有三个基本理论习惯性地用于设计添加再生剂的冷再生混合料。第一个理论假定旧料作为黑色集料,配合比设计在于确定包裹黑色集料所需的沥青含量。这个理论假定旧料中老化后的沥青永远黏结在旧料的集料上,老化沥青的流变性能不能改善。

第二个理论评估回收沥青的物理和化学性能,然后加入再生剂让沥青恢复到初始的物理性能及流变性能。这个理论假定老化沥青随着时间完全软化。

第三个也是最普遍的理论是前两个理论的结合,即认为部分老化沥青发生软化。这个理论称为有效沥青理论,再生剂与软化的老化沥青形成有效沥青层。老化沥青、再生剂和/或新沥青结合成均匀有效的沥青层的具体程度很难量化,因此,冷再生混合料力学试验应该作为整体混合料设计的一部分。

目前并不存在全美范围接受的冷再生混合料设计方法。使用冷再生的一些州公路署都有自己的混合料设计程序。这些程序既有简单的经验设计,也有更复杂的基于性能测试的设计方法。全美最早试图标准化冷再生混合料设计的尝试是1998年美国各州公路与运输工作者协会—美国承包商协会—美国公路与运输建筑者协会(AASHTO-AGC-ARTBA)联合委员会综合设计组发布的38号报告"关于沥青路面冷再生的报告"。这份报告包含了同时采用马歇尔设备和维姆设备的混合料设计程序,许多州公路署都使用类似的设计程序。

目前使用Superpave设计原则的混合料设计方法获得广泛认同。该方法既可选用旋转压实仪,也可选用马歇尔击实仪75次落锤击实。混合料测试内容包括以下部分或全部内容:混合料初始强度及养生后强度;抗水损坏能力;抗松散能力;抗低温开裂能力。再生混合料回收沥青满足当地条件下AASHTO M 320的弯曲梁要求可以等同于满足抗低温开裂测试要求。

本章介绍通常应该包括在冷再生混合料设计中的一些事项。ARRA的CR2000系列中有推荐用的冷再生混合料设计指南。可以联系ARRA获取最新版的文件,也可以通过访问www.ARRA.org来获取这些文件。

冷再生混合料设计应该包括下列步骤:

(1)按照需要从现有路面或现有存储旧料中取样。

(2)确定旧料沥青含量与抽提后旧料级配。

(3)如果需要,确定老化沥青性能。

(4)碾碎路面块料形成RAP并确定级配。

(5)选择沥青再生剂的种类与等级。

(6)如果需要,确定再生外加剂的种类与数量。

(7)成型试件并进行测试。

(8)确定现场拌和配合比。

(9)根据现场状况做必要调整。

> 可以联系ARRA获取最新版的200系列混合料设计文件,也可以通过访问www.ARRA.org来获取这些文件。

11.1　取样

11.1.1　厂拌及就地冷再生现有路面取样

取得并评价有代表性的旧料试样,以便正确设计冷再生混合料。必须制订详细的取样计划,使之足以能全方位代表整个工程旧料的性能。取样计划同时还应该包括项目横断面的评价等,这个可以通过测试或现场观察评估确定。现场调查应结合施工与养护记录来确定再生是否会出现材料的显著变化。有明显差异的路段应单独取样处理,以确保取样的代表性。使用不同混合料和/或存在大面积养护的区域不应进行相同的混合料设计。使用厂拌冷再生,如果原材料能够充分的预处理,混合均匀并一起存储,那么无须分别进行混合料设计。

划出代表性取样单元后,应该分别从每个单元取出路面试样。进行代表性取样,包括在邻近车道线附近取样、在轮迹带间或轮迹带上取样、在路面边缘取样,如果路肩也回收,则在路肩处取样。取样的数目取决于工程的里程、路面均匀性和混合料设计所需的材料用量。对于大部分混合料设计,至少需要数百千克的材料。

旧料的级配和矿料的性能对再生剂和外加剂的用量以及最终混合料性能都有影响。因此,获取具有代表性的试样很重要。钻芯取样是传统的获取现场试样的方法。钻芯取样的试样直径至少 150mm(6in),且应取得全部厚度,因为如第 10 章所讨论,必须评估铣刨后的道路厚度,以确保剩余的道路能支撑再生车组的重量。

过去现场取样一般用小型铣刨机,但由于不同类型的小型铣刨机取样的变异性很大,所以使用越来越少。和冷再生工艺中常用的大型铣刨机相比,小型铣刨机获得试样的级配偏细,试样最大粒径偏细同时含更多矿粉[即通过 0.075mm(No.2000)筛的材料]。当路面材料均匀性良好,锯块将更加经济有效。然而,钻芯能多位置取样,更有利于了解待回收路面的横断面状况。

如在第 10 章中所讨论,在取样过程中进行动力圆锥触探仪测试可协助进行厚度设计和确定基底相对强度。探地雷达检测出路面厚度变化,可依厚度确定取样计划。

11.1.2 厂拌冷再生堆料取样

对于厂拌冷再生,旧料从现场拉回运到工厂,然后在工厂分类储存。取样可以按照上文提到的那样在现场进行,但是如果项目时间允许,最好根据储存的旧料取样进行混合料设计。如果混合料设计是基于现场取样,储存的旧料应该和混合料设计的旧料级配进行对比,根据要求对再生剂和外加剂的用量进行调整。大多数情况下,旧料不应按中间尺寸分开储存,而是应按照旧料最大粒径堆在一起。对于严格的混合料控制,为了保证整个再生工程中混合料的均匀性,旧料会筛分为两到三个规格,如图 11-1 所

图 11-1　厂拌冷再生工厂旧料堆料的处理

示。通过良好的旧料存储管理能够算出更精确一致的旧料沥青含量。此外,良好的旧料破碎,与良好存储管理一道,确保旧料存储级配的均匀性。通过良好的管理,存储旧料的级配精确程度能够与存储的新鲜集料相媲美。

11.2　旧料沥青含量及旧料抽提后矿料级配的确定

旧料的沥青含量和旧料抽提后矿料级配应该通过从厂拌冷再生储存旧料中取样或从就地冷再生的现场取样来确定。对于试样中被回收的旧料部分才应该进行测试。对于不要求确定回收沥青性能的项目,可以用 AASHTO T308(ASTM D6307)中的燃烧法测定沥青含量。回收集料的级配应该根据 AASHTO T30(ASTM D5444)确定。基于旧料抽提得到的级配,可以评估是否需要新鲜集料。

11.3　老化沥青性能的确定

需要通过确定老化沥青的性能来辅助选择合适的再生剂。由于其他抽提方法会改变回收沥青性能,旧料中沥青含量应该用 AASHTO T164(ASTM D2172)确定。由于溶剂在不同程度上有一定毒性,这些抽提溶剂在使用时需要适当通风和采取其他安全措施。在抽提之前有必要将旧料在 120℃(250 ℉)条件下预热 3h,以确定混合料中来自稀释的沥青或含有溶剂的乳化沥青的残留沥青量。老化沥青应该按照 ASTM D5404 使用溶剂回收。如果没有相应的设备,可以用 ASTM D1856(AASHTO T 170)代替。回收沥青应该通过测试确定老化对沥青劲度和黏度的影响。回收沥青的测试包括 25℃(77 ℉)针入度(AASHTO T49 or ASTM D5)和/或 60℃(140 ℉)的绝对黏度(AASHTO T 202 或 ASTM D2171)。如何利用动态流变剪切仪测试(AASHTO T315)所得到的剪切模量(G^*)和相位角(δ)来评价沥青性能还处在研究阶段。

11.4　压碎试样确定级配

对于从路上取到的试样,只需对试样中拟再生的旧料部分进行测试。试样通过试验室破碎然后筛分以模拟现场冷铣刨与筛分,混合料设计就是依据筛分后的旧料进行。旧料的级配应该按照 AASHTO T11 与 T27(ASTM C117 和 C136)确定。旧料的级配需要从指定的干燥温度下修正到 40℃(105 ℉)下。另外一个可行的方法是压碎试样以生产 RAP。RAP 通过筛网筛分,然后重新组合为预先设定的级配,也就是生产级配。不管采用哪一种方法,冷再生生产级配需要和设计级配进行对比。对于厂拌冷再生,混合料设计所用 RAP 预先按照一定粒径筛分,每档 RAP 级配均应按照 AASHTO T 11 和 T27(ASTM C117 和 C136)确定。

11.5　再生剂的选择

要实施好冷再生项目,正确选择再生剂的种类与等级是非常必要的。混合料设计将协助设计者选择合适的再生剂。然而,往往不止一种再生剂能够满足设计要求,许多不同种类的再生剂都能用于冷再生。最常见的再生剂有:

(1)乳化沥青。

(2)工程用乳化剂(添加或不加聚合物)。

(3)阳离子慢裂和中裂乳化剂(添加或不加聚合物)。

(4)高悬浮型乳化剂(添加或不加聚合物)。

(5)泡沫沥青。

外加剂诸如石灰或水泥加入冷再生混合料中用以提高混合料的性能,诸如早强和抗水损害能力。

11.5.1　乳化沥青

乳化沥青由沥青、水和乳化剂组成。应用于冷再生的乳化沥青可以分为阳离子型(带正电)和阴离子型(带负电),也可以分为中裂和慢裂两种。它们由大量组分构成,能够增强混合料特定的性能,能提高生产和/或施工和易性或者提高最终的路用性能。这些组分包括溶剂、活性剂、催化剂、缓凝剂、减水剂、聚合物、胶溶剂以及其他物质。

因为沥青与水不混合,目标就是让沥青分散在水中且保持足够稳定,能泵送、长期储存和拌和。乳化沥青应该破乳,意思是在接触到再生材料后的一段可接受时间内,沥青应该从水中分离。在养生期间,剩下或残留的沥青保持着原始沥青所有的黏附性、耐久性和抗水损能力。乳化沥青和再生材料(旧料、粒料和水)的化学性质对于乳化沥青的稳定性和破乳时间有着重要影响。因此,在混合料设计时确认乳化沥青与再生材料的相容性是很重要的。此外,在混合料设计阶段应该确认混合料养生速率与厂拌冷再生运输时间的协调。

对于冷再生混合料而言,根据裹覆效果、初始强度和破乳时间的最优结果选用乳化沥青。AASHTO T 59能够用以评估裹覆效果,可以作为辅助选择乳化沥青再生剂的方法。应用于冷再生的乳化沥青如下。

1)项目级乳化剂

乳化剂根据具体项目要求提供有选择性的性能。工程乳化剂通常是慢裂的阳离子乳化剂,但也不局限于此。在再生的应用中,"工程的"词条实质意思为"量身定制的",这个词条历史上曾被浆液和微表处乳化剂配比设计师用来描述将材料性能与项目的物理性能要求及路用性能要求相匹配的过程。被设计的性能包括拌和和裹覆性能、破乳时间、养生时间、抗水损能力、乳化剂的软化能力和残留沥青的劲度性能。性能可以通过大量技术来调整,包括改变残留沥青含量、改变残留沥青劲度、改变聚合物改性、改变pH值以及加入助熔剂。然而,能完成的修正量也是有限制的。由于他们能够根据特定项目量身定做,项目级乳化剂变得越来越受欢迎。

2)阳离子慢裂和中裂乳化剂

阳离子慢裂乳化剂有较长的可作业时间,这确保它能与密级配材料很好地拌和。阳离子慢裂乳化剂,不论加或者不加聚合物,蒸馏试验表明其可挥发溶剂含量很低(低于3%),和可挥发溶剂含量更高的乳化剂相比,无论从环境角度还是性能表现上来看,都更为人青睐。阳离子慢裂乳化剂更易被粉料吸附并形成沥青胶浆将细料与沥青裹覆较少的粗料黏结起来。和阳离子慢裂乳化剂相比,阳离子中裂乳化剂的破乳时间更快,但养生时间更长。由于其中溶剂含量超过10%,会造成环境问题,因此阳离子中裂乳化剂慢慢不再被应用。石灰或水泥通常作为再生添加剂加入阳离子乳化剂中,可以作为催化剂加速凝聚,提高初始强度,增强抗水损能力和缩短养生期。

3)高悬浮型中裂乳化剂

之所以选用高悬浮型乳化剂,是因为其具有软化老化沥青和裹覆粗集料的能力。高悬浮型乳化剂,不论加或不加聚合物,都添加了少量溶剂或助熔剂以增强裹覆效果,并最终软化旧的老化沥青。对于采用高悬浮型乳化剂的密级配混合料而言,通常小颗粒裹覆一层厚的沥青膜,而粗颗粒仅部分裹覆。

11.5.2　泡沫沥青

泡沫沥青是空气、水和热沥青的混合物。泡沫沥青是将少量温度为15～25℃(60～77 ℉)的冷水加入膨胀室内热沥青中得到的,如图11-2中上部分所示。加入的水导致沥青迅速膨胀成无数泡沫,从而产生发泡。沥青发泡或膨胀在水从液态变为气态时发生,在这个过程中体积膨胀到原来的8～15倍。泡沫沥青很适合在室温下与潮湿材料拌和。在发泡状态下,沥青黏度显著减小,同时表面积显著增大,使沥青能在再生材料间分散开来。和乳化沥青相比不足的是,为了让发泡沥青充分散布在冷再生混合料中,使用发泡沥青时必须加入足够的细料。在20世纪50年代,发泡工艺第一次被认为能起到稳定剂作用,但使用中很谨慎,直到 20 世纪 90 年代中期才开始使用。泡沫沥青传统上用于稳定基层粒料或全深式再生中与基层或底基层粒料一起拌和旧料。

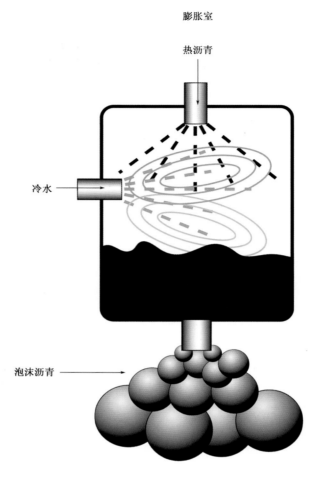

图 11-2　泡沫沥青膨胀室示意图

11.5.3　其他再生剂

其他过去曾经在冷再生中使用而现在不再使用的再生剂包括乳化活性剂和稀释沥青。

1)乳化活性剂

乳化活性剂很少单独在冷再生中使用。乳化活性剂的选择取决于希望降低老化沥青的黏度到什么程度。整个过程发生的反应很复杂,取决于活性剂与老化沥青间的时间、温度双重交互作用。沥青软化速率与再生剂及老化沥青性能相关,同时也与机械作用(如拌和、压实)、交通及气候条件等有关。如果选择使用乳化活性剂,建议最终养护前后都要测定再生混合料的力学性质,而不是仅仅依靠基于一致性得到的掺配量与性能关系图。

冷再生使用的活性剂一般而言是活性剂加入乳化沥青再生剂形成的混合物,既有常规型也有专利型。这种混合物产品被设计用来恢复老化沥青的部分稠度,同时也向混合料中加入额外的沥青。

2)稀释沥青

稀释沥青虽然在过去已成功应用,但由于存在环境与安全问题,并不受欢迎。稀释沥青通过向沥青中加入溶剂以降低或"稀释"沥青黏度,溶剂含量很容易超过 15%。部分稀释沥青的闪点低于或等于冷再生应用温度。由于环境问题,许多规定确定需要进行蒸馏测试来确定溶剂含量(存在最大允许含量)

来限制稀释沥青的使用。

11.6 添加剂的选择

11.6.1 化学添加剂

化学添加剂(诸如石灰或水泥)已成功在冷再生中使用。对于就地冷再生,水泥(波特兰水泥或水硬水泥)能够以干燥或浆液形式添加。生石灰或熟石灰以浆液形式添加。对于厂拌冷再生,水泥能够以干燥或浆液形式添加,熟石灰也能以干燥或浆液形式添加,生石灰则以浆液形式添加。这些化学添加剂和再生剂一起使用,用来提高冷再生混合料的早期强度,增强其抗车辙能力以及提高其抗水损坏能力。石灰一般按照旧料干质量的 1% ~1.5% 添加。水泥含量不宜过高,残留沥青与水泥的比例一般不小于3:1。粉煤灰作为再生剂以 8% ~12% 的应用掺量加入冷再生混合料中。然而,粉煤灰在全深式再生中应用更加普遍,在沥青层冷再生中应用较少。

11.6.2 改善处理后的集料

从现场路面铣刨得到的旧料中包含冷再生混合料中所需的重要集料。大部分冷再生项目施工过程中未添加新鲜的或经处理的集料。是否添加新鲜集料不应仅仅取决于从旧料中回收得到的集料的级配。新鲜集料需要进行挑选以使新鲜集料与旧料中集料的混合料的级配与质量均满足业主的规范要求。要利用可量化的混合料性能提高来说明额外增加费用的合理性。然而,当沥青过量或不合适的集料结构与柔软的既有沥青结合或急需提高冷再生混合料稳定度时,额外加入新鲜集料是有益与合理的。

铣刨过程可能会增加混合料的细料含量,使得细料含量高于混合料设计中压碎芯样所得的含量。这个值取决于很多因素,包括既有集料类型。因此,细集料,尤其是天然砂,不应该加入冷再生混合料中,除非全面评估加入细集料后对性能没影响。加入新鲜细料会导致冷再生混合料稳定度损失,更难裹覆旧料,同时不利其水敏感性及再生剂分散。

当由于路基柔软或现有路面厚度不足而需要更厚的就地冷再生处理段和/或铣刨深度有限时,除了新鲜集料外,可能还要加入 RAP 旧料回补。当道路进行拓宽时,可能也需要使用额外的新鲜集料或RAP旧料。

11.7 试件成型与测试

混合料设计中的试验数量取决于项目的大小与范围,也取决于对存储的旧料或现场材料的质量和数量。对于较小的项目混合料设计有时被忽略,虽然并不建议如此。试验需按照以下步骤进行。

11.7.1 配料

对于混合料设计,试件要么按照实际铣刨得到旧料的级配配料,要么按照厂拌冷再生压碎后得到的级配配料。压碎然后筛分旧料,形成细、中、粗三个级配(见 ARRA CR201),然后轮流测试三个级配中两个级配的混合料,混合料设计按以上流程进行。对于较小的项目,通常只使用一个级配,即中间级配。只要旧料级配与生产级配相似,也可使用业主指定的其他级配。

根据混合料设计试验的需要,试件配料的质量也可不同。对于马歇尔设计方法,配料的质量要满足能成型直径为 100mm(4in),高为 60~66mm(2.4~2.6in)的试件。最大粒径大于 25mm(1in)的材料不得用100mm(4in)的模具,必须使用相同数量的粒径小于 25mm(1in)的材料替换原材料。对于间接拉伸试验(AASHTO T283 or ASTM D4867),一般多用直径150mm(6in)的试件,同时质量也需要增加,以成型高度为 95mm±5mm(3.75in±0.20in)的试样。

11.7.2　充分裹覆所需含水率

对大多数乳化再生剂,充分裹覆需要水分,同时水分也能协助材料的压实。裹覆所需含水率通常比促进压实所需含水率要高。然而,高悬浮型乳液与阳离子中裂乳化剂含有石油馏分,因此与干的集料混合后效果优于与湿集料混合效果。

无论使用哪种乳化沥青再生剂,建议把进行裹覆试验作为混合料设计的一部分,以确定分散再生剂所需拌和用水的总量。在混合料设计过程中,旧料成型试样按照所需的质量与级配配料,并与通常加在铣刀头的含量为1.5%～2.5%的水拌和。水与旧料最多搅拌60s以将旧料弄湿。然后再加入再生剂,混合料再拌和60s。分散效果通过眼睛观察评估,如果裹覆不充分,则加入额外的水。选择不再引起裹覆效果增加的最低含水率作为设计所需含水率。和机械拌和相比,更推荐使用勺与碗的人工拌和来完成裹覆试验,因为裹覆效果与和易性更容易观察。对于乳化沥青而言,混合料含水量、再生剂含量和旧料含水量的总和称作总液体用量。总液体用量根据工程的不同而不同,且必须在配合比设计中确定。

对于泡沫沥青,加入额外的水并不有助于裹覆,但需要水来帮助压实。至少,在泡沫沥青加入前,旧料中加入水以模拟通常加在铣刀头的1.5%～2.5%的含水率。为了帮助压实与改善混合料性能,一般需要额外加入比乳化沥青冷再生更多的水。

11.7.3　拌和

在旧料与再生剂、水、其他添加剂拌和前,旧料需要保持在拌和温度范围内。大多数冷再生混合料拌和都在室温23℃±5℃(77℉±9℉)条件下进行。更高的拌和温度可能被用作混合料高温验证。在拌和前,乳化再生剂应该保持在制造商推荐的温度下。泡沫沥青应该放在最佳温度下以达到足够的膨胀率和半衰期。

按照所需质量配好的试样和3～4种不同含量再生剂拌和,这些含量分布在预估能满足最佳稳定度/强度测试的用量附近。乳化沥青再生剂含量以0.5%或1.0%的增量选择,通常范围为旧料干重的0.5%～4%。泡沫沥青含量范围则通常为旧料干重的1.5%～3%。

每一种再生剂含量下需要配6个试件,3个用作干燥条件下稳定度/强度测试,另3个用作潮湿条件下稳定度/强度测试。按照AASHTO T209(ASTM D2041),需要配两个试样进行最大理论密度试验。试验用与最高含量的再生剂混合的试样进行测试,也可以计算出其他含量下混合料的最大理论密度。

11.7.4　试验室压实

对于标准的混合料设计步骤,在经过室温23℃±5℃(77℉±9℉)拌和后,试样立刻进行压实。混合料高温性能需在更高的压实温度下验证。混合料设计用试样使用指定的压实功进行压实。这个压实功应该能成型出和现场摊铺混合料密度具有可比性的试验室压实试件。代表性压实功有马氏击实仪双面75次或旋转压实仪旋转30次。马歇尔压实遵照AASHTO T245(ASTM D6926),旋转压实遵照AASHTO T312(ASTM D7229)。对于冷再生试样,可能需要对这些标准程序进行一些修改。AASHTO T247(ASTM D1561)列出的维姆压实很少使用。

11.7.5　试验室养生

冷再生混合料必须失去多余的水分或通过养生以达到其最大强度。在压实后,应该小心地将试件从模具中脱模,不要破坏试件。如果使用纸质垫片,也应该小心移除。每一个试件,包括用于测量最大理论密度的试件,都应该放入小的容器内以便测量材料质量损失,并放入指定温度的强制通风烘箱中按规定时间养生。乳化沥青再生剂的典型养生温度为60℃±1℃(140℉±2℉),泡沫沥青的典型养生温度为40℃±1℃(104℉±2℉)。养生时间要么是试件质量不再损失,要么就是一个指定时段,通常不超过48h。在养生后,试件需要在室温23℃±5℃(77℉±9℉)下冷却一整晚。

11.7.6 强度试验和水敏感性试验

目前,强度和水敏感性试验包括马歇尔稳定度 AASHTO T245 (ASTM D6927) 和间接拉伸强度 AASHTO T283 (ASTM D4867)。AASHTO T246 (ASTM D1560) 中列出的维姆稳定度很少使用。其他性能试验如车辙试验(AASHTO T 324 和 T340)和动态模量与流值(AASHTO TP79)正在评估中,未来可能作为冷再生混合料设计的一部分。

在强度试验与水敏感试验前,每一个压实养生后的试件毛体积密度应该按照 AASHTO T166 (ASTM D2726)确定。按照 AASHTO T166 (ASTM D2726)要求,试件要放入水中浸泡3~5min。建议试件浸泡至天平读数稳定时读取。空隙率通过毛体积密度和相应的最大理论密度计算。

马歇尔稳定度试验通常在40℃±1℃(104℉±2℉)下进行,而间接拉伸强度试验在25℃±1℃(77℉±2℉)下进行。干燥的试件应该保温到测试温度,一般放置在设定为相应温度的强制通风烘箱中 2h,或包入防水袋后放入设定温度的水箱中浸泡30~45min。目前强度测试没有确定的准则或阈值。在最佳再生剂含量下,ARRA 目前推荐40℃±1℃(104℉±2℉)下最小马歇尔稳定度值为 1 250lb (5.56 kN),25℃±1℃(77℉±2℉)下间接拉伸强度为 310 kPa(45lb/in^2)。

试样应该测试其抗水损坏能力与水敏感性。马歇尔成型的试件采用残留马歇尔稳定度比,残留马歇尔稳定度比为潮湿条件下试样的平均马歇尔稳定度除以干燥条件下试样的平均马歇尔稳定度。间接拉伸试验使用拉伸强度比(TSR),拉伸强度比为条件组试件的平均拉伸强度除以干燥条件下平均拉伸强度。

残留稳定度/强度试验中条件组试样处理条件通常包括55%~75%的真空度。对于间接拉伸试验,抽真空后将试件放入25℃±1℃(77℉±2℉)的水箱中浸泡24h。对于残留马歇尔稳定度试验,抽真空后将试件放入25℃±1℃(77℉±2℉)的水箱中浸泡23h,随后将试件放入40℃±1℃(104℉±2℉)的水箱中浸泡1h。残留稳定度与 TSR 值的比,最小值通常为0.7。然而,当干燥条件下强度值/稳定度值非常高时,这个比值一般要减小。

上述试验完成后,最佳再生剂含量暂时确定。这个含量下,混合料满足设计规范中对代表性级配或三个(粗、中、细)级配中两个(如果在评估两个级配)级配的要求。

11.7.7 松散试验

松散试验(ASTM D7196)是用来测定黏聚力的发展。当它被纳入冷再生混合料设计时,被用来评估乳化沥青再生剂的破乳及初期养生。随着经验越来越多,松散试验可能会被证明对评价泡沫沥青混合料也有用。松散试验是改进版的稀浆封层的湿轮磨耗试验,该试验通过测量压实后未完成养生的冷再生试验试件抵抗加重的橡胶软管磨耗的能力。在指定温度与相对湿度下完成指定时间的养生后,一台改进的稀浆封层湿轮磨耗装置开始磨损试件,然后测量质量损失,并对照规定的标准以评价产生松散的可能性。图11-3 为一台松散试验的试验设备。

松散试验需要两个试件,这两个试件按照代表性级配或中间级配配料,与最佳含量的再生剂拌和。试件直径为150mm(6in),用旋转压实仪压实20转后高度为70mm±5mm(2.75in±0.2in),试样的质量就按照这个要求进行选择。压实后,试件在指定温度、相对湿度与时间下养生。在松散试验后质量损失百分比需记录到报告中。质量损失的最大值与养生条件有所不同,且不被包括在 ASTM D7196 中。目前多采用在10℃(50℉)温度下与50%的相对湿度下养生4h这种养生条件。然而,松散试验通常控制最佳再生剂含量,且当现场明显比试验时更热、更干时,松散试验会导致再生剂用量过量。因此,提高松散测试试件压实与养生的温度是一个发展趋势。混合料设计过程中最大磨耗损失百分比范围为2%~7%。

图 11-3　进行松散试验的试验设备

11.7.8　低温开裂

目前用来控制使用乳化沥青再生剂的冷再生混合料低温开裂是采用 AASHTO M 320 中弯曲梁的试验要求或按照 AASHTO T 322 进行低温开裂试验。目前,使用泡沫沥青的冷再生混合料设计未考虑低温开裂评价。另外的研究可能会确定表征泡沫沥青再生剂抗低温开裂能力的测试方法和/或其适用性。其他的低温开裂测试,例如圆盘压拉试验(ASTM D7313)等,正在被评估能否表征冷再生混合料的抗低温开裂能力且可能会在未来成为冷再生混合料设计的一部分。

当使用 AASHTO M 320 时,用来制备乳化沥青的普通沥青必须满足在项目所在地及路面结构厚度下弯曲梁试验要求。当按照 AASHTO T 322 进行低温开裂试验时,试验应该根据冷再生混合料进行改进。改进内容包括在最佳再生剂的掺量下按照中间级配配制两个试样。试样直径应该为150mm(6in),同时高度至少为115mm(4.6in),且空隙率压实到目标空隙率±1.0%。试件按照上文描述的条件下养生以进行强度测试。在养生后,从每个完成压实以待测试的试件上切下两个 50mm(2in)厚的试件。试验在三个温度下进行,且试验温度保持10℃(5 ℉)的梯度,同时试验温度为有98%可靠度下的冷再生层顶部最低路面温度。临界低温开裂温度为计算的路面温度应力曲线(来自蠕变试验数据)与拉伸强度线(连接两个测试温度下的平均拉伸强度结果的直线)的交点处温度。临界低温开裂温度必须低于具有98%可靠度下的冷再生层顶部最低路面温度。

11.8　确定生产配合比

完成混合料设计后就能进行生产配合比设计。通过配合比设计确定最佳再生剂用量、再生剂种类与等级、拌和用水量、添加剂的种类与用量(如果使用的话)和在最佳再生剂用量下试验室最大压实度。最佳再生剂用量是指能满足强度、水敏感性和其他性能诸如抗松散和抗低温开裂能力(如果业主愿意进行抗松散与抗低温开裂能力测试)要求的再生剂用量或用量范围。

11.9 现场调整

　　根据现场条件状况,可能需要对现场生产配合比进行调整。对冷再生施工有丰富经验的现场工作人员应该有权基于现场情况对拌和用水量、再生剂和添加剂的用量进行轻微调整。为了确保材料的充分分散、促进压实和确保冷再生混合料最佳性能,调整是必需的。

第12章　冷再生施工

冷再生是一种已使用多年的养护/重建技术。在过去50年或更久的时间里,冷再生经常被称为稳定处理,并通过不同的施工方法进行应用。这些施工方法包括使用耙路机、翻路机、松土拌和机和稳定土拌和机来再生既有沥青面层和下卧层材料。通过将乳化沥青、稀释沥青和再生剂的混合液体喷洒到料堆上,并用刮铺机、横轴拌和机和不同类型移动式拌和设备进行拌和。冷再生用刮片铺平,然后用合适的压实设备压实。

科技的进步产生了两种不同的冷再生沥青铺面施工方法:就地冷再生与厂拌冷再生。和传统的铣刨摊铺相比,冷再生更快、更经济、更有序、环境更友好,所以更受欢迎。冷再生是涉及利用沥青再生剂(乳化沥青或泡沫沥青)和按照

> 科技的进步产生了两种不同的冷再生技术:就地冷再生与厂拌冷再生。

需要加入添加剂(如石灰、水泥或新鲜集料)来处理加工既有沥青路面的路面养护/重建技术。冷再生已成功应用在各类路面中,包括机场、低交通量的乡村公路、城市道路、大货车行驶的重交通州际公路。

整个冷再生工艺无须加热就能恢复面层的性能。所有的工作都在待再生的路面上(就地冷再生)或附近(厂拌冷再生)完成。除了再生剂与所需使用的添加剂之外,就地冷再生通常不需运输其他材料。冷再生处治厚度多为75~100mm(3~4in),当然,如果下卧层支撑良好,处治厚度也可薄至50mm(2in),如果能提供适当的压实,处治厚度同样也能达到125mm(5in)。更深的厚度可能需要采用双层处治。由于只有沥青面层的上部材料被再生,这个工艺有时又被称为局部厚度再生。通常情况下,下卧层材料和部分沥青层不做处理。包括整个沥青层和基层或路基的就地再生称为全深式再生,全深式再生在第14~第17章进行讨论。

通过设备制造商、材料供应商、业主以及冷再生承包商的创新,就地冷再生获得较快发展,而其中最重要的原因是大型冷刨机的发展。现代化的就地冷再生设备每天能处理长3车道mi(4.8km)的道路。最终以少于其他可供选择的施工方法30%~50%的总费用得到一条稳定的再生道路。典型的就地冷再生施工顺序如图12-1所示。

许多地区都能通过铣刨获得高质量的旧料,再用厂拌冷再生生产优质经济的路面材料,避免了有价值的资源被填埋处理。当现有路面必须移除以处理下卧层材料以致不能就地冷再生时,采用厂拌冷再生是合适的。典型的厂拌冷再生施工顺序如图12-2所示。

两种方法所用设备及流程在下面的部分进行讨论。

12.1　施工现场准备

在工程分析或混合料设计阶段应该确定:所需再生剂用量、采用不均匀材料铺筑的区域以及铺面厚度,还应确定因铺面厚度不足或路基强度不足以致不能支撑再生设备的区域。强烈推荐绘制出冷再生工程布置的草图。

在冷再生施工前,现有路面应做以下准备:

(1)采用清扫、平整土方或其他可行方法来清除路上灰尘、泥浆、植被、积水、可燃物、油、凸出的标志和其他不能使用的材料。车道线涂料通常直接混入混合料中再生。如果在再生中考虑铺面中使用纤维织物,那么应该对设备或操作做出改变,以避免再生材料中混入破碎的纤维后影响再生沥青面层的性能或妨碍冷再生面层摊铺与压实。混入再生料中的纤维碎片的尺寸不应大于50mm(2in)。

（2）类似的，线圈、路面标识、处理裂缝的橡胶类填料、热塑性的标志标线材料、破碎的混凝土和其他一切可能在铣刨过程混入旧料的材料都应该从再生材料中移除。如果能论证少量残余材料不会影响再生材料性能，那么无须调整工艺即可使用。

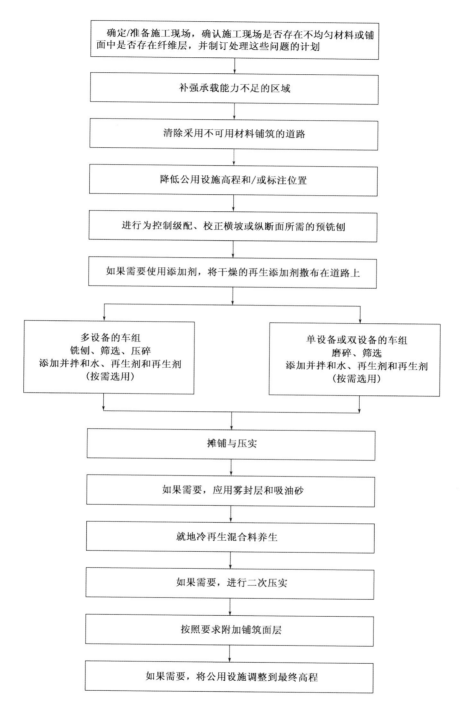

确定/准备施工现场，确认施工现场是否存在不均匀材料或铺面中是否存在纤维层，并制订处理这些问题的计划

补强承载能力不足的区域

清除采用不可用材料铺筑的道路

降低公用设施高程和/或标注位置

进行为控制级配、校正横坡或纵断面所需的预铣刨

如果需要使用添加剂，将干燥的再生添加剂撒布在道路上

多设备的车组
铣刨、筛选、压碎
添加并拌和水、再生剂和再生剂
（按需选用）

单设备或双设备的车组
磨碎、筛选
添加并拌和水、再生剂和再生剂
（按需选用）

摊铺与压实

如果需要，应用雾封层和吸油砂

就地冷再生混合料养生

如果需要，进行二次压实

按照要求附加铺筑面层

如果需要，将公用设施调整到最终高程

图 12-1　就地冷再生施工流程图

（3）为了最大限度减少就地冷再生车组的启停次数，在再生施工区域内的公用设施应该被调整到再生作业厚度以下，并用旧料、集料或被认可的冷拌混合料回填。然后公用设施再从再生层和最终面层中抬高到表面。为了确保材料充分混合与压实，需要小心地在混凝土窨和其他不能调整的设施周围施

工。对于厂拌冷再生，与传统铣刨和摊铺工艺一样，设施遮盖物通常留在原处，施工过程中小心地在其周边作业。

（4）在就地冷再生中，为调整再生路面横坡与纵断面，需要确定现有纵断面与坡度的容许误差。需要考虑材料的隆起与湿胀对再生混合料最终坡度的影响。厂拌冷再生调整断面具有明显优势。

（5）如果就地冷再生受道路净高限制，那么需要进行预铣刨。预铣刨要么横跨整个路面，要么通过楔或集中铣刨路缘或排水沟。需要注意的是在预铣刨后要确保充足的厚度以支撑施工设备。对于厂拌冷再生，在移除现有铺面后，可以进一步移除下卧层材料或对其进行改造以保证净高。

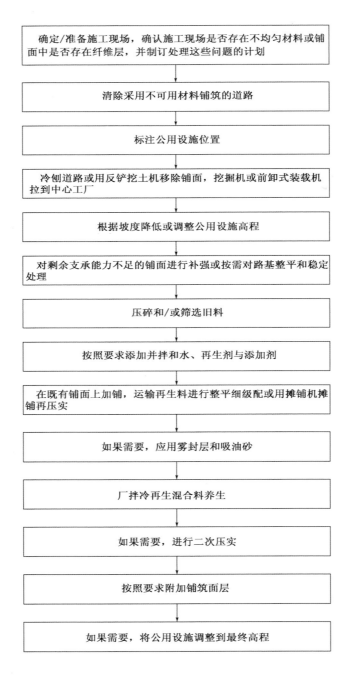

图 12-2　厂拌冷再生施工流程

12.2 RAP 的获取

作为就地冷再生车组一部分的冷刨机通常配置宽 2.4 ~ 3.8m(8 ~ 12ft)的切削头,同时还有 0.15 ~ 0.6m(0.5 ~ 2ft)的扩展宽度。因此,就地冷再生处治宽度可调,范围从 2.4 ~ 4.4m(8 ~ 14.5ft)不等。有时路肩也被并入主线的就地冷再生混合料中,这能避免路肩的损坏(一般而言是开裂)发展到道路主线的面层。宽度不大于 1.2m(4ft)的路肩可与邻近车道一起用再生车组中加长到合适宽度的冷刨机进行处治。第二种方法是在就地冷再生车组前使用一台额外的铣刨机来按需延伸再生处治的宽度。一台小型冷刨机能够用以把额外的再生处治宽度铣刨至目标厚度与目标横坡,如图 12-3 所示将旧料堆积在邻近车道,再生车组中的大型冷刨机把所有材料一起处理。总宽度不超过 5.5m(18ft)的铺面只需用一台额外的铣刨机和有扩展宽度的摊铺机运行一遍就能完成再生。图 12-4 显示了一台有扩展宽度的摊铺机正在摊铺厂拌冷再生混合料。通常情况下,宽度大于 5.5m(18ft)的铺面可能需要再生处治两遍。路肩通常在第一遍处治,而行车道在第二遍处治,如此接合处就在车道线上。

图 12-3　冷刨机在就地冷再生车组前

当路面宽度并非是就地冷再生冷铣刨设备处治宽度的整数倍时,就需要部分重叠以保证全覆盖。就地冷再生冷刨机相邻两次行走重叠部分宽度至少应该不小于 100mm(4in)。如果重叠部分超过 0.6m(2ft),必须考虑重复行走时所用再生剂用量,以避免过量使用再生剂。T 形交叉路口不能处理到 T 的顶部时,可用小型铣刨机处理,以便再生车组能够处治它。此外,小型铣刨机能有效地与就地冷再生车组配合,使城市区域内所有道路便于再生,包括沿道路边缘的处治。

由于厂拌冷再生的冷刨机独立于再生车组之外工作,厂拌冷再生所用的冷刨机并不受限于路面宽度和道路形状。理想情况下,冷再生层的纵向接合处正好和后续的沥青罩面纵向接合处重合。

图 12-4　有扩展宽度的摊铺机正在摊铺厂拌冷再生混合料

12.3　就地冷再生车组配置

12.3.1　单设备车组

有许多不同的单设备车组,其中一台典型的单设备车组如图 12-5 所示。通过单设备车组,切削头将铺面铣刨到需要的厚度及横坡,然后将再生剂与旧料混合。单设备车组并不包含筛分设备和压碎设备,但能通过控制切削头沿顺时针转动,操控车组前进速度和使用压力与破碎机刀片,来获得想要的级配。如果路面发生严重的龟裂,这会使控制最大粒径更加困难。

通过切削室的喷管可以加入再生剂液体。液体再生剂要么设备上自备,要么由油罐车提供,而这辆油罐车通常由单设备车组推着,偶尔也会被拉着。在单设备车组上,根据处治体积加入预先定好数量的再生剂,而处治体积又由处治宽度、处治厚度和设备预期前进速度决定。每米(英尺)所用再生剂的量可能还受到前进速度的影响。既然再生剂喷洒速率是以体积来计量,那么就需要施工人员不断评估既有铺面纵断面的变化,以确保采用正确的喷洒速率。由于车辙、边缘掉粒等造成严重损坏的路面可能需要在单设备车组进行就地冷再生之前开展诸如预铣刨之类的附属操作。因为再生剂使用速率并不与再生材料的实际重量直接相关,所以单设备车组只能提供最低程度的过程控制。沿着道路长度方向,设备的重量与容积可能不断变化,这会导致再生剂应用速率上有微小的变异。

再生混合料要么先按长度堆积后再通过图 12-6 所示的附在单设备车组后的整平板摊铺,要么就直接加入摊铺机中摊铺(图 12-7)。

单设备车组的优点在于车组长度更短且机动性好,缺点在于对旧料最大粒径有限制,难以精准控制材料比例且难以控制坡度。

图 12-5　单设备就地冷再生车组

图 12-6　配备附加整平板的单设备车组

图 12-7　单设备车组直接将再生料放入有粗粒筛的大型装料斗

12.3.2　双设备车组

大型全车道冷刨机和搅拌摊铺机组成的双设备车组越来越少见。图 12-8 展示了一台搅拌摊铺机。冷刨机移除铺面并将旧料放入摊铺机中。由于双设备车组并没有单独的压碎和筛选设备,所以破碎是通过冷刨机完成的。一些搅拌摊铺机配有粗粒筛以移除超粒径材料。双设备车组对旧料最大粒径和级配的控制与单设备车组一样。搅拌摊铺机配有可称重的进料带和计算机,以精确控制再生剂的用量。搅拌摊铺机包括一台能够搅拌材料的搅拌机,还有一台用于混合料摊铺的可控制的整平板。

在配有搅拌摊铺机的双设备车组中,再生剂根据要处理旧料的重量、处治的宽度与厚度以及车组前进速度进行添加。由于处治体积和再生剂应用速率直接相关但并未对旧料进行额外的压碎或筛分,双设备车组只能提供一般程度的过程控制。

双设备车组的优点在于更好的过程控制和相对于较多设备车组具有更高的机动性。其主要的缺点为难以控制旧料最大粒径和难以进行坡度控制。

12.3.3　多设备车组

多设备车组通常由一台大型冷刨机、装有筛分/压碎设备的拖车和装有拌和机的拖车组成。在大多数多设备车组中,筛分/压碎设备和搅拌机都被整合成一个大的单元。另一个变化是在拌和摊铺机中进行拌和。冷刨机清除路面得到旧料,而旧料最终筛分是在一个单独的移动筛分/压碎单元中完成。再生剂的添加与混合料的拌和则在另外的搅拌机中进行。混合料通过配有堆料起卸机的沥青摊铺机摊铺,或者将混合料直接卸入摊铺机摊铺。图 12-9 为多设备就地冷再生车组。

铣刨机将路面铣刨到目标厚度或目标横坡。铣刨机的刀头可以沿顺时针方向运行或沿逆时针方向运行,其中沿顺时针方向运行时生产的旧料级配较细。选择哪种方式取决于旧料目标级配与承包商的偏好。旧料的最大粒径通过筛分/压碎单元使用的筛网进行控制。超粒径材料会被送到破碎机中,通常是冲击式破碎机,然后再返回筛分。

图 12-8　通常与双设备就地冷再生车组使用的搅拌摊铺机

图 12-9　多设备就地冷再生车组

旧料由筛分/压碎设备处理后运到搅拌机。将旧料送入搅拌机传送带,经计量装置称取旧料质量。液体再生剂的用量由计量系统控制,并取决于传送带上称量器上材料的重量。液体再生剂由装有主动互锁系统的泵(当搅拌仓中无旧料时将会关闭)加入搅拌机中。连接到泵上的仪表记录加入混合料中的液体再生剂的流速与流量。双轴式桨叶搅拌机将再生剂与旧料拌和均匀。筛分/破碎设备与搅拌机的组合单元如图 12-10 所示。

图 12-10　将筛分/破碎设备与搅拌机组合的就地冷再生设备

混合料直接卸入摊铺机装料斗。材料通过堆料起卸机聚集再按长堆放置,然后摊铺机进行摊铺,如图 12-11 所示。

图 12-11　配有堆料起卸机的摊铺机

多设备车组的主要优点是能提供更高精度的过程控制,因为所有材料都通过电脑计量系统测量与控制,因此能够确保旧料最大粒径和对品质变化有更好的调节能力。主要的缺点是车组长度较长导致机动性/灵活性更差。

12.4 厂拌冷再生(CCPR)设备

厂拌冷再生是指在项目所在地或项目附近的固定位置的冷拌工厂进行沥青混合料再生的工艺。厂拌冷再生所用的旧料通常由铣刨或挖除获得。这些材料被运至工厂,旧料经筛分并和沥青再生剂拌和。固定的厂拌再生工厂如图 12-12 所示,以固定工厂形式组织的就地冷再生车组如图 12-13 所示,两种形态下都可连续拌和再生混合料。厂拌冷再生混合料能够立刻摊铺,也可以存储起来供以后使用。

图 12-12　固定的厂拌冷再生工厂

厂拌冷再生工厂将沥青旧料筛分/破碎,控制旧料的最大粒径,如图 12-14 所示,采用筛网筛除超粒径旧料。厂拌冷再生设备通常配置独立的冷料仓。如果需要添加集料或旧料分档,冷料仓需隔离或采用如图 12-15 所示的多个冷料仓。工厂应配备具有称重功能的进料传送带。传送带上的称量装置应该与计算机系统连接,根据旧料重量准确计量加入液体再生剂、水和添加剂。液体(再生剂、水和以浆液形式存在的添加剂)经计量加入容积泵(当搅拌仓中无料时将会停止液体供应)的搅拌机中。干燥的添加剂通常借助螺旋输送器传送或通过与传送带称量装置相连的独立传送装置传输。

拌和后,厂拌冷再生混合料卸入平衡料仓或储料仓储存或直接运输到施工现场。运输车是倾卸式货车,如果使用堆料起卸机,运输车则为腹部倾卸式货车。厂拌冷再生混合料使用沥青摊铺机进行摊铺。如果平整度要求不高,可使用自动平地机。图 12-16 为在 NCAT 试验路上摊铺厂拌冷再生混合料。

图 12-13　以固定工厂形式组织的就地冷再生车组

图 12-14　厂拌冷再生工程的粗粒筛

图 12-15　厂拌冷再生工厂用于旧料分离的复合式冷进料仓

图 12-16　NCAT 试验路上摊铺厂拌冷再生混合料

12.5　再生剂的添加

沥青再生剂包含乳化沥青或用于生产泡沫沥青的基质沥青。就地冷再生的添加随着车组类型而变化。对于单设备车组,再生剂在滚筒中加入;对于双设备车组,再生剂在搅拌摊铺机中加入;对于多设备车组和厂拌冷再生工厂,再生剂在搅拌机里加入。

应该根据旧料重量确定再生剂用量。再生剂用量应该使用校准后的仪器进行计量,从而精确称取再生剂的用量在指定用量±0.5%的范围内。再生剂计量装置应该能调节再生剂的流量以补偿加入拌和设备中的旧料质量发生的任何变异。拌和设备应该有独立的水源以适当分散再生剂或辅助压实。在适当的重量和时间单元,应该自动显示出旧料与再生剂流速的数字读数。

12.5.1　乳化沥青

通过混合料设计确定乳化沥青再生剂的种类与用量。沥青再生剂相较普通厂拌沥青混合料需要更短的拌和时间。乳化沥青混合料会因为过度拌和导致提前破乳进而影响沥青的裹覆效果。而拌和不足会导致混合料的裹覆效果很差。对于就地冷再生,乳化再生剂的配制应与现场压实摊铺时间以及环境状况相匹配,确保在摊铺压实后有足够的早期强度以开放交通。根据运输时间或厂拌冷再生混合料是否存储供以后使用,厂拌冷再生所用乳化沥青再生剂根据气候和项目特点需要采用不同的配方。乳化沥青再生剂还需要确保在摊铺压实后有足够的早期强度以开放交通。

12.5.2　用于生产泡沫沥青的沥青

通过混合料设计应该确定沥青种类与用量。泡沫沥青对过度拌和不太敏感,但拌和不足会导致沥青裹覆效果不佳。用于生产泡沫沥青的沥青应通过现场最佳发泡特性来确定。工程用沥青不应该有任何妨碍其满足最小膨胀及半衰期标准的添加剂成分。膨胀率定义为泡沫沥青体积与残留的未发泡沥青的体积比。半衰期定义为泡沫沥青衰减一半膨胀体积的时间。一般而言,沥青必须在超过160℃(320 ℉)温度下才能取得最佳发泡特性。然而,这个温度也可能与沥青的种类有关,但沥青不应加热到超过190℃(375 ℉)。典型的膨胀率推荐值为8,半衰期的最小值为6s。

泡沫沥青系统应该装备能保持泡沫沥青流动组分温度的加热系统,以保持所需的膨胀率与半衰期。沥青喷射系统应该包含两套独立的泵送系统和喷管,以控制泡沫沥青与用于压实时提高湿度的水分开。泡沫沥青系统应该采用计算机控制,且向热沥青中加入水的速率应与沥青的质量保持恒定的比例。应该在喷管的一端安装检查/测试喷嘴,以产生具有代表性的泡沫沥青样品。

12.6　其他添加剂

根据混合料设计,添加其他添加剂(新鲜集料、水泥或石灰)可提高冷再生混合料的性能。

12.6.1　就地冷再生添加剂

在就地冷再生中,水泥(波特兰水泥或水硬水泥)能够以干燥或浆液形式添加,生石灰或熟石灰以浆液形式添加。干燥的添加剂应该在铣刨前撒布在路面上。车组只需处理一遍就足以充分拌和所有材料。浆液形式的添加剂可直接加入再生设备的拌和仓,或更常见的是喷洒到冷刨机的切削刀具上。新鲜集料应该在车组前铺撒,通过紧跟铺撒保持集料在同一个平面,也可通过腹部卸料进行均匀的长条形撒布。

如图 12-17 所示，干燥水泥应该通过专用机械进行撒布，摊铺机应该能在单位区域内摊铺指定重量的添加剂。摊铺机应该有用量和距离的测量装置以控制铺撒速率。如果水泥在铣刨前铺撒，在有风的天气，摊铺机与再生车组之间的距离应该适当减小。同时应该采取适当的粉尘控制措施以最小化由毗邻的交通控制和刮风引起的扬尘。当风大到有可能吹起水泥时，应该考虑在铺撒水泥前润湿道路，如果必要，还应该考虑在水泥顶部略微润湿。要注意向水泥顶部喷水的力度不能太大，以免引起扬尘。除了再生设备外，其他任何车辆不得通过铺撒水泥的区域。

图 12-17　在就地冷再生车组前撒布干燥水泥

水泥浆液与石灰浆液通常在施工现场生产。浆液的存储与供应设备应该有搅拌器或类似设备使其在罐内保持悬浮状态。浆液在运输过程中需搅拌。

12.6.2　厂拌冷再生添加剂

在厂拌冷再生中，水泥（波特兰水泥或水硬水泥）能够以干燥或浆液形式添加。熟石灰可以以干燥或浆液形式添加，生石灰则以浆液形式添加。新鲜集料通过分离的冷料仓添加。干燥的水泥/石灰通常借助螺旋筒仓或与传送带上的称量装置相连的单独传送装置直接传送到搅拌机中。石灰或水泥的浆液应该计量后再加入带有互锁系统的容积式泵（当搅拌仓中为空时将会停止浆液供应）的搅拌机中。水泥或石灰的浆液通常在施工现场生产。浆液的存储与供应设备应该有搅拌器或类似设备用来保持其始终处于悬浮状态。浆液在运输过程中仍然需要搅拌。

12.7　冷再生混合料的生产调整

冷再生的环境条件是变化的，一天内旧料的级配就可能发生变化，且这些变化会导致混合料施工和易性的变化。试验室确定的生产配合比为施工提供一个起点。一味按照室内推荐的施工配合比生产可能会导致无法达到冷再生混合料的最佳性能，可能有必要对水的用量、再生剂和添加剂的用量进行细微动态调整。但是，应该谨慎而恰当地调整这些值的大小，且只能由对冷再生有丰富经验的人员进行调整。承包商应该告知业主任何与用量相关的调整。当调整大到超过混合料设计的容许范围时,需征得业主同意。

可以根据现场状况对水的用量、再生剂与添加剂的用量进行轻微调整,而现场状况包括旧料级配与类型的变化和温度与湿度的变化。由于之前养护措施如罩面、修补、表面封层等的影响,材质不均匀的路面会导致旧料的改变。旧料级配的变化可能与设备的速度或设置,或者与再生使用的材质不均匀路面的区域有关。路面温度的降低会导致旧料级配变粗和压实困难。试图通过增加再生剂含量以增加密度的做法会导致混合料中沥青过量,从而导致混合料出现稳定性/施工和易性问题。应该谨慎对待因为环境条件而引起的再生剂含量的改变,否则可能会出现路面早期损坏。

当使用乳化再生剂时,首要的事就是在现场观察混合料的裹覆情况以确保沥青充分地分散开来。除了要求沥青充分地分散开,还要求材料有足够的性能。完全裹覆通常不太可能或是不太必要,但所有的颗粒都必须被一定程度地裹覆。初次压实后的冷再生混合料的外观能表明是否有必要调整乳化沥青的含量。冷再生表面应该是棕色到黑色且具有黏性或均匀的。有光泽的黑色表面说明使用的乳化沥青过多,而表面松散说明使用的乳化沥青过少。细集料抱成团通常是乳化沥青过多或旧料中细料过多造成的。混合料中过多的水也可能导致乳化沥青涌到表面并延迟养护。水过少则会导致裹覆效果差、混合料离析、交通荷载下发生松散和/或密度不足。湿度水平和其他环境因素的变化会影响乳化沥青再生剂的破乳时间且影响冷再生混合料的分散与施工和易性。

泡沫沥青再生剂起"点焊"黏合作用,因此裹覆效果相对乳化沥青裹覆要差。需要观察混合料是否均匀黏结。出现长条状或球状混合料说明发泡或拌和不充分。非常少的水被喷入沥青中以产生发泡,而在压实过程会额外加入一些水以辅助压实。泡沫沥青的分散通常不使用水。

如果再生混合料缺乏黏聚力,沥青再生剂的用量应该增加。通常按照 0.1% ~ 0.2% 的增量进行调整,且只能由有经验的人进行。对于乳化沥青,再生剂的增加或减少随着含水量的减少或增加而调整。

12.8 摊铺与压实

传统的沥青摊铺机或冷拌摊铺机都能用于冷再生混合料的摊铺。由于热的熨平板会导致混合料刺穿和撕裂面层,所以摊铺机的熨平板不应该加热。一些就地冷再生承包商使用配有加大装料斗的摊铺机来应付由于现有路面部分变化引起的旧料波动。对多设备就地冷再生车组,摊铺机与再生设备的间距可以调节,以便于小幅度的坡度控制校正。不同设备间间距过大可能会使按长条堆积的混合料发生破乳/硬化。对于摊铺机连接在再生设备上的就地冷再生车组,几乎没有机会进行坡度控制。

厂拌冷再生混合料的摊铺装备通常与常规沥青混合料所用设备相同。再生混合料也可以按长条状放置,然后通过自动平地机摊铺到所需纵坡与横坡。附在履带牵引车或胶轮拖拉机前端的集料摊铺机也已经被用于摊铺厂拌冷再生混合料。

与热拌或温拌沥青混合料相比,冷再生混合料的压实需要更多的压实功。这源于混合料颗粒间很高的内部摩阻力、由于老化造成的沥青黏度变高以及更低的压实温度。常温将冷再生混合料的空隙率压实到与热拌或温拌沥青混合料一致有一定难度。压实良好的冷再生混合料的空隙率范围应该为 8% ~ 16% 或是更高。

通常采用重型胶轮压路机和双钢轮振动压路机进行压实。一般情况下,压实同时使用两台或三台压路机,其中至少有一台重为 22 ~ 25t(19.9 ~ 22.7 公制吨)的重型胶轮压路机,至少有一台重为 10 ~ 12t(9.1 ~ 10.9 公制吨)的双筒振动钢轮压路机,这两台压路机组合起来通常相当于或超过 34t(30.9 公制吨)。根据项目的需要,承包商可能会考虑采用额外的压路机(包括用于辅助平整度的小型压路机)。主力压路机鼓轮宽度不应小于 1.7m(5.5ft),且所有的压路机应该有工作时自动喷水系统,以避免混合料黏轮。

对于含有泡沫沥青再生剂的冷再生混合料,摊铺后应该立刻开始压实。含有乳化沥青再生剂的冷再生混合料应该在混合料开始破乳(颜色从棕色变黑色)时进行压实。(破乳)取决于环境条件和乳化剂配方,这个过程可能需要几分钟到几小时。在混合料破乳后,延迟压实的时间过久会导致混合料上部形成硬壳,使得初始压实更加困难,还可能导致碾压产生裂纹和开裂。再生添加剂,如石灰或水泥的添加,能减少摊铺后与开始压实之间的间隔时间。

利用一条足够长的试验段,通常为150～300m(500～1 000ft),并在满足业主对压实度要求的前提下,确定最佳压实工艺。旧料级配、再生剂、添加剂和天气都会对压实效果有影响。许多承包商用一个或两个行程的钢轮压路机压实,以提高压实材料的最终平整度。为防止边缘破坏以及防止混合料被轮胎压路机压坏,双钢轮振动压路机通常用作初碾,然而,如果碾压产生裂纹,使用胶轮压路机会消除大多数裂纹。初压与复压由图12-18所示的胶轮压路机与图12-19所示的双钢轮振动压路机完成。双钢轮振动压路机用静压方式完成终压,以清除压痕。仅使用振动压路机将导致混合料中水分的聚集,导致养护期延长。

图12-18 重型胶轮压路机

在试验段压实期间,可以使用核子密度仪评价压实后密度的变化,并确定目标密度(最大密度)。不再引起密度增加与混合料开裂的碾压应确定为压实工艺,目标密度则用作评价压实水平。

应该通过试验段确定压实工艺,混合料通常应压实到目标密度的95%～105%。如果很难满足建议的压实度,这说明混合料不均匀,需要采用新的压实工艺以及需要确定一个新的目标密度。冷再生产生很大变形和/或开裂也说明需要重新确定压实工艺和目标密度。压实后的路面不应出现车辙、突起、压痕和粗细集料的离析,还应该与设计的纵断面、横坡一致。

首先碾压纵向接缝,紧接着按照在试验段建立的碾压步骤进行。初始压实时,压路机应该从低的一边向高的一边碾压,且与道路中心线平行的纵向行程间应部分重叠。对于静力压路机,传动滚筒应该在前面位置或接近铺路机,除非处于需要彻底改造以避免面层拥包和撕裂的陡坡。滚筒和轮胎应均匀地用少量水润湿,以防止混合料被带起。由于水和分离剂可能会干扰沥青再生剂,因此需要对它们的使用进行评估。碾压混合料边缘时要小心,以保持线形和坡度。压路机不应该在未压实的材料上启动或停放。

图 12-19　双钢轮振动压路机

12.9　养生

压实后的冷再生混合料在二次压实前必须得到充分的养生。如果需要,会铺设面层。养生的速度是变化的,且取决于几个因素。这些因素包括:昼夜温度、湿度、降雨、含水率、压实水平、现场空隙率、整个路面的排水特性、路肩和再生剂的成分。水分损失不足可能会导致冷再生混合料和/或面层的早期损坏。通常养生期可以短至几小时,也可以长达几周。好的冷再生混合料,养生期仅需 2~3d。

在冷再生混合料压实后和开放交通前这一段时间内,为防止松散,可能需要采用少量雾封层处理。如果有必要,雾封层应该包含慢裂乳化沥青或应用前用水稀释 60% 体积的乳化再生剂。雾封层典型用量为 0.2~0.7L/m²(0.05~0.15gal/ya²)。由于车轮可能会带起冷再生混合料,直到雾封层养生完成才能开放交通。吸油砂能够用来吸收多余的雾封层并有助于提前开放交通。吸油砂应用于路面的典型用量大概为 1~5kg/m²(2~3lb/yd)。在养生期间,施工交通与穿越交通应该控制到最小。图 12-20 展示了在完成摊铺压实的冷再生混合料路面上铺设雾封层和吸油砂。

冷再生混合料应该有一个最短养生期限(通常是 2~3d)以达到最小含水率(通常小于 2%),或在铺设面层或二次压实(如果需要的话)前无雨养生一定时间(通常为 10d)。通常,强制将取出完整芯样作为结束养生的条件,否则再生混合料将存在强度不足的质量风险。当需要更短的养生期时,建议使用活性剂(石灰或水泥)。一般而言,冬天养生结束及时罩面比让它暴露过冬更合适。仔细遴选再生剂、使用再生添加剂(石灰或水泥)以及密切关注施工进度,可以减轻恶劣养生条件的影响。

图 12-20　在完工的就地冷再生混合料路面上铺设雾封层和吸油砂

12.10　二次压实

冷再生混合料未达到压实要求,孔隙率过大时,养护结束后可能需要二次压实。二次压实最好在暖和的天气完成或在一天之中较暖和的时段(如午后)完成。应该针对二次压实建立一个新的压实工艺。

12.11　表面层

由于冷再生混合料空隙率一般相对较大,需要通过摊铺表面层来保护冷再生混合料免受水分的侵入。碎石封层、稀浆封层和微表处已经成功用于低交通量的路面上,而沥青罩面多用于重型交通量的路面。冷再生层表面洒布乳化沥青黏层以增强冷再生层与沥青罩面层之间的黏结。封层、含溶剂的再生剂、透层或热沥青不应设置在冷再生层与沥青罩面层之间。在铺设任何黏层或采用表面处理之前,应清除冷再生混合料表面剥离的粒料以及清除雾封层上多余的砂。

第13章 冷再生规范与检验

同所有的道路施工方法一样,为确保冷再生(CR)工程有满意的施工质量和性能,一是要建立一套公正合理的规范,二是要在施工期间进行检验以确保达到规范要求。

承包商以规范标准向业主提供服务,规范可保障业主的权利,同时指导承包商按规范操作,较好地完成施工项目。

规范的有效性是指工程项目需选择正确的规范,按照规范中合理的要求进行施工,进而实现较好的长期性能。建立高效的工程规范的关键在于正确选择规范类型来保证项目达到预期的效果。

当某一种规范没有相应的标准(方法、最终结果、质量保证)时,业主通常会根据相关规范中的要求,对材料和设备指标进行限制,并确定项目达到的最低水平。承包商可以在满足相关标准最低限度的条件下选择材料、设备和施工方法,以达到满意的施工效果。但是,这些限制也可能导致项目不满足要求,给承包商带来一定的风险。

方法式规范要求业主详细描述使用的设备及方法,以满足项目的质量要求。规范要求进行连续的施工监测,要求质检员必须服务业主以确保其施工符合规范。编写一套好的方法式规范需要业主给出施工各个环节的详细规范。

在最终结果式规范中,业主应在特定时间内告知承包商项目的预期性能水平或者预期结果以及如何对性能或结果进行测评。承包商依据业主的要求选择施工方法和设备、生产配合比、再生剂和施工顺序。在工程结束时,业主将进行测试以确保项目满足最低性能要求。决定项目质量的材料试验和现场测试都是在统计数据的基础上进行的,因此,描述质量特性的施工变量必须便于理解并且可以被应用到规范中。在准备最终结果式规范时的主要困难是确定性能指标,指标的合理最小值以及测试的时间点。规范规定的测试性能应直接或间接地与路面性能有关。

质量保证(QA)式规范是基于随机取样和点对点测试方法的数理统计类规范。QA规范为实现材料或施工的整体性能最优提供了一种理性的方式,同时,还可以识别施工过程和产品的变异性并提供变异系数,量化业主和承包商的风险。QA规范中包括了具体的奖励和处罚措施以鼓励达到更高的质量水平。

对于冷再生项目,最常用的是复合式规范。业主通常会指定所需的设备,也可能指定部分施工顺序。业主或承包商会提供生产配合比,选择再生剂和其他所需的添加剂及其用量。业主有权调整承包商的生产配合比(JMF)。规范规定的测试要求包括再生料的最大粒径,再生剂性能及用量,现场最终密度,平整度,横坡以及必要的养生需求。然而,由大量工程实践可知,复合式规范更倾向于最终结果式规范。

13.1 质量保证

质量保证,美国交通运输研究委员会于2013年在交通循环研究E-C173中将其定义为"公路质量保证专业术语",包括所有的计划性系统性措施,保证设施在整个寿命期内拥有良好的性能。一份好的质量保证计划不管应用何种类型的规范,都会施工出令人满意的冷再生路面。在现场施工过程中,冷再生包括对路面材料的回收,但是,由于局部的修补和碎石封层等养护措施的实施使得材料粒径和沥青存在变异性。一份好的质量保证计划不能过于复杂而禁止这种固有可变性带来的变化,在确定冷再生施工的可行性以及在定义那些有必要改变施工过程的非均匀性地区时也不应太精细。

所有的规范都包括材料取样和测试并以此来确定施工方法的可行性。这些测试要求必须与施工方法相适应,能够将施工方法/质量控制与最终的产品质量联系在一起。冷再生是一个可变的过程,碾压方式、含水率、再生剂和外加剂类型的变化都会对得到理想的性能产生影响。在冷再生过程中,现有路面材料可以得到100%的利用,因此,现有沥青路面的变异性或一致性会对再生混合料的变异性或一致性产生影响。冷再生的承包商不能完全控制现有沥青路面的变异性,规范应该反映真实情况。业主质检员必须要理解,在冷再生生产过程中再生剂和外加剂需细微调整,这是混合料设计的限制,它主要反映了现有路面的不一致性,尤其是在不同破坏类型、实施过不同养护措施的规模项目,会更加明显。在重新设计混合料时需制定试验和验收方案进行调整。

13.2 工程规范和检测要求

当前最新的冷再生规范,ARRA 已将规范指南公布在 www.arra.org 网站上。本章对编入冷再生规范的细则进行描述,不涉及规范典型案例的介绍。冷再生施工推荐指南被收录在 ARRA 的 CR100 章,混合料设计指南收录到 ARRA 的 CR200 章,抽样检测质量控制指南收录到 ARRA 的 CR300 章,所有 ARRA 技术的项目选择和前期建设评价指南收录在 ARRA 的 400 章。除了 ARRA 网站,还要鼓励业主与当地从事冷再生项目的 ARRA 承包商,以便改进他们即将接手的再生项目的冷再生规范。

在冷再生时必须充分理解一些注意事项和相关问题。这些问题主要来自于现场冷再生固有的变异性以及与压实湿度、低温、沥青混合料相关的特殊问题,这些问题并不会出现在传统的沥青路面施工中。

在最终结果式规范或者质量保证式规范中,设备选择对承包商的要求最小。承包商可以进行混合料设计,选择再生剂,确定再生剂使用量,也可以选择添加剂的类型及使用量。业主对混合料进行性能测试。最终结果式和质量保证式规范指出,在项目施工前需要确定以下几点:

（1）场站（长度、面积、序号）。

（2）测试频率。

（3）随机取样。

（4）测试样本尺寸。

方法式规范中提到了压实设备要求。业主选择混合料设计中的材料类型,并给出再生剂和添加剂的类型和使用量以及它们占再生料干质量的百分比。

一些业主在冷再生施工中积累了许多成功的经验,他们基于当地的材料和环境特点建立自己的规范来达到特定的预期目标。基于环境条件和当地材料对冷再生性能的影响,业主编制的规范可能并不适用于不同地区的另一个业主。大部分冷再生规范都是组合规范,包括对设备的特殊需求、材料、施工方法,这些都是基于质量控制和验收要求的,具体如下。

13.2.1 一般说明

一般说明通常包括一到两部分,大体介绍项目内容、冷再生过程、施工方法,也有可能包括业主现有的与冷再生相关的规范或者要求承包商提供的一系列文件。

一些规范在这一部分包含了术语和定义。在第一次编写冷再生规范时,人们对术语并不熟悉,规范会包含这部分内容。

13.2.2 施工前人员培训

冷再生施工过程中,承包商和业主的全体人员都要完成施工前培训以保证施工质量。施工前人员培训应选择对承包商和业主都方便的地点,并且在冷再生施工现场附近,以便解决在培训过程中出现的任何问题。如果有证据证明,在冷再生施工过程中,企业人员在材料和施工技术上有足够经验,同时又能进行质量控制和验收测试,那么可以取消培训。培训人员应该有足够的冷再生项目施工经验,包括施工方法、材料检验、测试方法。承包商与业主应该就授课人员、授课内容和培训地点达成共识。

13.2.3 处治深度

冷再生混合料需要更大的压实功,往往就地冷再生的可压实厚度低于既有路面铣刨厚度,业主应该明确现场冷再生处置深度是铣刨深度还是压实深度。规范通常建议为可压实的铣刨深度,同时最大粒径和横坡也应满足规范,但最大粒径和横坡同时满足规范要求有一定难度。在规范中,对一条道路而言,处治深度和横坡要求依据现有的道路情况是有差异的,例如,在理想的现场冷再生项目中,可以允许上下0.5%的波动,而现有道路横坡为3.0%,规范最大值为2.0%,此时规范中应该指出处置深度是指铣刨深度、处治深度或者理想横坡深度的哪一种。在这种情况下,规范中应包含预设铣刨厚度的项目明细,指出现有道路中哪些不能同时满足深度和横坡的要求。当现有道路资料与设计现场冷再生材料一致时,厚度和横坡便可以同时进行设计。冷再生材料的横坡应该在摊铺机摊铺完成后和碾压完成后进行横向和纵向的检查。

铣刨深度偏差应控制在设计厚度的6mm(1/4in)范围内,但是由于现场常出现意外状况,如基层或路基薄弱、路面部分较薄或两面层之间界面/边界不清晰等,可能需要调整铣刨厚度。路面铣刨应该在两面层界面偏下,铣刨位置如果太靠近面层连接的薄弱点,容易产生大块的铣刨料,形成夹层,不能被冷再生机利用,同时使得再生深度不均匀。要定期进行深度测试,确保再生机两侧的深度符合要求。

由于受到现有路面厚度的限制,现场冷再生控制处治深度受限,采用厂拌冷再生(CCPR)更易控制压实厚度和旧料质量。探针测量技术用于整个路幅、外侧边缘以及毗邻纵向节点处冷再生厚度测试。

13.2.4 材料要求

现场冷再生由沥青回收料(RAP)、沥青再生剂(泡沫沥青或乳化沥青)、水和其他添加剂(如果需要)均匀混合而成。实际使用的材料和它们各自的使用量取决于混合料设计和项目要求。

1) 沥青回收材料

沥青回收材料(RAP)不应含灰尘、基层材料、混凝土或者淤泥、黏土等有害物质。RAP从路面回收获得,设计满足特定的工程需求,限制回收料的最大粒径以保证冷再生路面的结构合理性,满足均匀性要求。RAP料的最大粒径应控制在25~38mm(1.0~1.5in),最大粒径不能超过压实厚度的1/3,因为材料粒径过大将会使混合料更容易离析,孔隙率偏大,压实困难,对薄层冷再生而言,旧料粒径过大会使混合料更易开裂。

在现场使用湿筛法获得旧料级配,混合料设计确定沥青再生剂的用量。可以在添加再生剂之前或者之后对混合料取样,如果样品取自现场,则取样后应用再生料重新回补取样区。所取样品必须进行清洗。

旧料温度是一个很重要的因素,它影响混合料拌和的充分性以及再生剂与旧料的黏结性。旧料温度在一天内的变化不同,因此要定期进行检测。

可见的橡胶填缝材料、路面标记、电线、热塑性标记、土工布等土工合成材料应该清理。若能证明旧料中不能完全被清理的残余材料对混合料性能无不利影响,则可以将其保留在RAP中。应用到混合料中的这些残余材料应当保证适当的大小并能充分混合,保证其不影响再生路面的外观和强度。

2) 沥青再生剂

沥青再生剂包括由沥青黏结剂生产的泡沫沥青和乳化沥青两种。适当的再生剂含量可以满足路面的最佳性能和混合料的施工和易性要求。在混合料设计过程中确定再生剂用量,这部分内容在第11章已有介绍。再生剂用量过高会导致混合料不稳定,容易产生车辙和推挤,再生剂用量过少容易导致离析,开放交通后易出现表面松散。再生剂用量可以在小范围内(小于0.2%)进行调整以确保最佳的性能。应该在确定乳化沥青再生剂用量的前提下调整含水率来提高混合料的裹覆效果,而不应调整再生剂的用量,第12章讨论了现场施工中裹覆性评价方法以及建议的补救措施。应该准确确定再生剂含量变化。必须由有经验的人员来调整变化量。冷再生设备应该包含微处理器控制的称重测量系统,以便测量沥青再生剂和再生料含量,如图13-1所示。精心校准后,该设备可以准确控制再生剂的添加量。此外,可以通过测试再生剂在单个油箱中的体积来确定再生剂的用量。

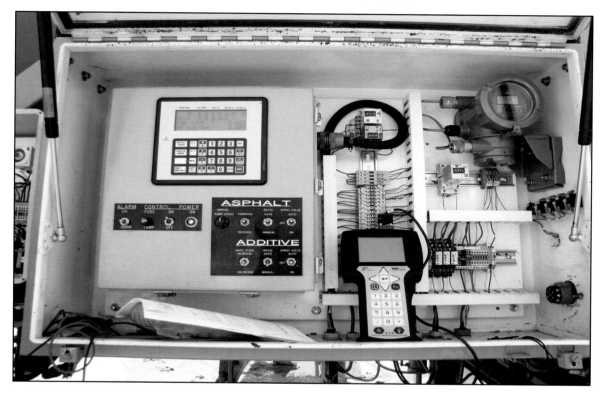

图 13-1　多单元列车微机控制电路

(1)泡沫沥青

用于制作泡沫沥青的沥青结合料应符合业主的要求,并符合混合料设计要求。在混合料设计中,用于发泡的沥青应该具有相同的性能等级(PG),并且来自同一料源,这可以通过获取供应商提供的合格证来确定。合格证书应该包含显示符合规范的测试结果,如果业主要求,应该取样进行额外的试验以确定其是否满足要求。在混合料设计中,泡沫沥青再生剂应检查是否符合最小膨胀比和确定的半衰期。冷再生设备应该在喷雾棒或类似设备上配备一个测试喷嘴以方便采样,典型的测试频率是单荷载下每次的沥青使用量。

应检查单一荷载下的沥青用量以确保发泡温度在推荐的范围内,通常情况下,沥青黏结剂温度必须超过320℉(160℃),以达到最佳的发泡特性,然而,这个温度会根据所使用的沥青结合料类型的不同而变化,但是通常不会超过375℉(190℃)。应使用独立于安装在油轮上的红外线测量装置或温度计来检查沥青的温度。如果沥青在适当的温度下未泵送,需要在现场加热。

(2)乳化沥青

在混合料设计中,现场使用的乳化沥青应该满足针入度、残余物百分比、聚合物改性(如果用到)性能等要求。这可以通过获取供应商提供的合格证书来确定。合格证书应提供符合规范的测试结果,如果业主要求,应该取样进行额外的试验以确定其是否满足要求。

除合格证书外,单一荷载下乳化沥青再生剂都应该检测其温度、使用前的破乳/离析情况,单一荷载下的温度可以使用红外手持数字温度计或类似的装置检查。乳化沥青加热温度不应高于供应商的建议值,一般不超过160℉(70℃)。破乳/离析可以用20号(0.85mm)筛采用 AASHTO T 59 第12部分的现场修订版进行筛余试验。

3）其他添加剂

混合料设计中，水泥、石灰、新集料等被作为添加剂应用到混合料中提高冷再生混合料的性能，合适用量的再生添加剂的使用可以明显提高冷再生混合料的性能。但过量添加水泥、石灰、新集料可能会降低路面耐久性，造成开裂，或变得更脆。

应检查添加剂的性能以符合业主和混合料设计要求，通过获取供应商提供的合格证来确定。合格证书应包含符合规范的测试结果，如果业主要求，应该取样进行额外的试验以确定其满足要求。

现场冷再生中，水泥（波特兰水泥或水硬性水泥）可以以干燥形式或浆体形式添加，生石灰或消石灰通常以浆体形式添加。在 CCPR 中，水泥和消石灰可以以干燥或浆体形式加入，生石灰以浆体的形式加入。由水泥或石灰制成的浆体应包含至少 30% 的干固体含量。水泥应符合最新规格为 I 型或 II 型水泥（AASHTO M85，AASHTO M240 或 ASTM C150、ASTM C595）。生石灰或消石灰应符合 AASHTO M216 或 ASTM C977 要求。

水泥用量不应超标，以防混合料变脆。在再生过程中添加水泥或石灰应该在混合料设计中明确，在满足再生混合料性能的基础上，允许对添加剂的添加量进行微调。

新集料的加入应该满足混合料设计和业主规范中的级配要求和力学性能要求，新集料应该在 CIR 设备运行前撒布，集料的添加量应该用载货车或路面计量装置给出的体积分布确定。CCPR 集料是以厂拌设备校准后确定的集料添加量通过独立的冷料仓加入的。

4）水

规范要求用于冷再生的水必须干净，不含有害的酸、碱、盐、糖和其他有机物、化学物质或有害物质。水不应对再生剂或再生混合料产生不利影响。如果水不是饮用水或水存在质量问题，则应该进行检测，以确保它可以用于施工。专门用于发泡沥青的水应该进行过滤，保证蒸发后无残留物，不会堵塞发泡喷嘴或阻碍水流循环。

13.2.5　配合比设计

如果配合比设计报告不是由业主提供，承包商提出的配合比设计报告应提交给业主批准。冷再生施工中配合比设计应使用具有代表性的材料，如果当地材料变化明显，应进行额外的配合比设计以代表整个工程的配合比，当地材料的代表性样品应该直接从现场取得并按 AASHTO 试验方法或业主提供的经验性的冷再生试验方案进行测试。配合比设计抽样和测试的一般程序见第 11 章概述。配合比设计是将再生剂、水、添加剂、新集料与现有材料混合形成再生混合料。配合比设计中应该注明再生剂、水、添加剂和新集料的允许变动范围，既不损害混合料的性能，又允许承包商调整混合料配合比，以便它可以成功地摊铺和碾压。

13.2.6　设备要求

再生设备应该能够粉碎现有的道路，分选铣刨的旧料，按配合比设计方案添加再生剂和添加剂与旧料混合，拌和出均匀的再生混合料，再生设备应能够满足指定的尺寸要求，无论是对铣刨还是辅助设备，摊铺设备应满足公路线形和等级要求。

在最终结果式和质量保证式规范中，设备选择对承包商的规定最少，在方法式规范和组合式规范中，业主可能会对整个压实过程中的碾压设备有特殊的要求，这些规范中包括对设备的要求。

1）路面冷铣刨机（铣刨设备）

路面冷铣刨机应为自行式，早期的现场冷再生铣刨机至少有 3.9m（12.5ft）宽的切割机，可以铣刨到既定深度。较小 CIR 铣刨机可以铣刨路肩，在 CCPR 中也同样适用。铣刨设备应能够自动控制深度，能够保持铣刨深度容许误差在 6mm（1/4in）范围，并应通过有效手段来控制横坡。铣刨不应影响或损坏基层材料，不允许使用加热装置对路面进行软化。

2）破碎和筛分设备

冷铣刨设备或者破碎筛分设备应生产出满足最大粒径要求的旧料。

3）拌和与配料设备

适当粒径的旧料与再生剂、水和其他添加剂在搅拌仓内拌和，搅拌仓应包括冷铣刨切割机和一个单独的搅拌室，所有系统都应该能够生产出均匀的再生混合料。

现场冷再生设备与厂拌再生设备都应包含对液体再生剂的微型控制测量系统。如果在冷铣刨机切割仓内进行拌和，再生剂按照旧料质量百分比加入。旧料质量是单位旧料质量与基于宽度、厚度计算得到体积，并可根据行驶速度自动调节。如果采用单独的搅拌设备，根据输送带上的旧料重量进行添加，输送带上有专门校准重量的秤称量。再生剂应该依据称得的旧料重量用校准仪进行计量，精确测量再生剂的用量保证其用量在允许范围内（通常是±0.5%）。例如，再生剂掺量为3%，基于允许变动范围±0.5%，再生剂的用量应该在2.985%和3.015%之间。再生剂的计量装置应该可以自动调整再生剂的用量，以补偿在拌和仓内加入的旧料的任何变化，拌和仓内应该有独立的水源，以适当分散再生剂，自动数字读数应准确显示单位重量、单位时间内旧料和再生剂的添加量。

拌和设备应定期检查，以确定再生剂和水分的添加量是否合适，称重皮带秤、液体计量系统和其他组件应在每年年初进行校准，并全年监测，以确保其准确性。校准通常是将已知数量的旧料、沥青再生剂和水通过再生设备，保证输送的料达到规范要求。在施工过程中，应该不断检查冷再生设备。然而，由于实际条件的限制，如材料的密度不同，旧料回收过程中的宽度不同，测量设备的表面不平整等，很有可能产生10%的误差，这时设备必须进行校准。

如果使用泡沫沥青再生剂，则回收设备应配备加热系统，以保证沥青黏合剂温度达到所需的膨胀比和半衰期。该系统是耦合/双微处理器控制系统，包括两个独立的泵送系统，喷杆实现泡沫沥青与水分离，增加压实过程的含水率。在最小间距内喷杆上安装自动清洗喷嘴以保证正常使用。泡沫沥青在膨胀室内产生，热沥青连同水和空气在压力条件下注入单孔雾化。在同一微处理器中，水的添加速率保持在热沥青质量的恒定百分比。检查或试验喷嘴应安装在喷杆的一端，以产生有代表性泡沫的沥青样品。

4）干粉添加剂添加设备

现场冷再生过程中，干燥的水泥应该提前撒布到现有沥青路面上，冷铣刨机应采用非加压机械叶片式推进，采用旋风式或螺杆式分布器，以便在减少扬尘的情况下得到一致、均匀的混合料。厂拌冷再生中，干燥的水泥或石灰可以通过螺旋输送机或皮带秤直接加入搅拌仓。

现场冷再生过程中，新集料应在铣刨之前撒布到路面上。首先，用自卸式货车沿路面均匀撒布，然后用传统的摊铺机摊铺，最后用平地机整平，使路面达到同一厚度。厂拌冷再生中，通常有单独的冷料仓添加新集料。

添加剂误差范围，通常为±10%。

5）水泥或石灰浆储存和供应设备

水泥或石灰浆应使用现场便携式配料设备或直接配料送入再生设备中，浆料储存和供应设备应该有搅拌器保证浆液在生产和储存罐中处于悬浮状态，在运输过程中也需要使用搅拌设备保证浆体处于悬浮状态。必须有一个仪表系统准确控制浆体的使用，该仪表系统可检查浆液误差，误差范围通常为±10%。

6）摊铺设备

拌和好的再生混合料用自行式摊铺机或由熨平板组成的再生设备在整个再生宽度内均匀摊铺。在任何情况下，熨平板都必须由电子设备控制横坡，设备必须有足够的尺寸和动力保证对再生料连续不间断的摊铺，摊铺过程必须按照业主设计的路线和等级进行。施工过程中，不允许加热熨平板。如果采用自行式摊铺机，再生混合料可以通过再生设备或货车倾倒方式直接将料倒在摊铺机料斗中。如果使用货车，它能够在单线行驶过程中倾卸或转移整车再生料。通常规定履带式摊铺机的最低功率为170hp。

7)压实设备

再生料的压实应该使用自行式压路机,压路机具有刮刀和喷水系统。压路机的数量、重量和类型应根据所要达到的压实效果确定,这一点非常重要。一般情况下,至少有一个最小重量为22t(19.9公吨)的轮胎压路机和一个 10t(9.1 公吨)的双钢轮振动压路机。两种压路机的组合重量至少应为34t(30.9公吨)。压路机的宽度应该不小于 1.65m(65in),轮胎压路机的轮胎应保证气压,以获得最大的压实功。

8)水车

在现场冷再生过程中,需要为铣刨设备供水,进而需要配备水车,如果有必要,水车系统要能够为拌和仓供水,以便提供独立的水源适当稀释再生剂。

9)雾封层和铺砂装置

雾封层设备是用一辆撒布车,或者类似于撒布车的设备,专门为了以相同的速度在全车道洒布乳化沥青而制作的设备。

铺砂设备是利用机械装置自行检查和撒布的设备,可以使砂在单一应用程序下在一个车道宽度中以均匀速度撒布。

13.2.7 施工方法

在再生料的整个铣刨、筛分、拌和、摊铺和碾压过程中,需要对再生剂、水和添加剂进行调整,以产生最佳性能的再生混合料。只有有经验的人员才能对再生剂的用量做出调整,所有的调整都必须记录在案并提交给业主。

所有规范中的施工要求如下。

1)辅道的准备

在任何冷再生工程施工之前,包括在冷再生项目中的所有公共设施的协调、识别和定位应该全部完成,污垢、植被、积水、路面标识都应该清除。现场冷再生中,应避免不合适材料混入冷再生混合料,或者保证该材料造成的危害较小。依据设计要求的几何尺寸和横坡验收。现场冷再生中,冷铣刨机要沿排水沟或人行横道(头切)进行施工,这样可以得到很好的面层结构。

路基应稳定,起到支撑作用,保证无施工沉降和工后沉降,可采用冷再生施工设备进行压实。在冷再生施工前,应处理软土地基使其达到稳定状态。

2)气候因素

当温度低于冰点时,不能进行冷再生施工,要根据当地的气候条件和业主的要求确定施工的最低温度。规范规定的最低温度通常在 4 ~ 10℃(40 ~ 50℉)之间,夜间环境温度应在 2℃(35℉)以上。在再生剂加入之前,若不能测定旧料的温度,则以原沥青路面表面温度作为参考温度。根据所使用的黏结剂和添加剂的不同,最低温度可能需要调整。个别黏结剂需要更高的环境温度和旧料温度,例如 16℃(60℉)或者更高。

在冷再生施工或养生过程中,过多的雨水会对冷再生混合料强度形成产生不利的影响,通过关注天气变化可以使问题最小化,或者在预计雨天时停止冷再生施工,以减少雨水对工程的影响。冷再生可以在轻微雨水条件下施工,只要证明冷再生混合料的性能不受影响即可。雨水的重复作用阻止了混合料干燥和强度的形成,在混合料中加入干水泥可促进干燥。

3)试验段

在施工前应进行试拌试铺,以便业主评估和批准设备、施工方法和工艺,并验证施工过程是否符合规范要求。试验段应有足够的长度以证明所提供的设备、材料和工艺符合规范要求,可以对再生混合料中的水、再生剂和其他添加剂的最佳用量进行验证,确定碾压方式和施工顺序,以达到最佳的压实效果。通过确定压路机的压实次序和压实方法确立碾压工艺,通过建立碾压方式与密度之间的关联关系确定最大的压实效果,图表显示了从最初的规定值逐渐密实的过程,在"突破点"处用核子密度计或其他业主机构批准的方法获得最大密度值。

应确定试验段的相对压实度,如果试拌试铺时的相对压实不符合密度要求,应进行附加的试拌试铺过程,以确定在当前现场条件下再生材料的最大密度。压实工艺应保证整个冷再生能够得到压实,应采取预防措施,保证不出现黏轮现象。

一般情况下,冷再生应连续施工,除非施工设备或施工过程不能满足冷再生要求。试拌试铺不符合施工要求时应进行返工,或者直接替换材料后再压实。在冷再生施工过程中,基于所接受的试拌试铺过程,需要保证在以后的施工中采用相同的设备、材料和施工方法,除非业主对其做出调整。如果业主对其做出调整,则需要进行新的试拌试铺施工。

承包商不准备进行试铺路面的,需向业主提供证据,证明在相同设备、人员和材料条件下,基于以往的经验,该试拌试铺将符合规范要求。

4)其他添加剂的用量

根据混合料设计的需要,水泥或石灰浆既可直接加入到 CIR 或 CCPR 的拌锅内,也可以在 CIR 时喷在冷刨机的切削齿上。水泥浆或石灰浆应在现场制作,浆体的用量应该用质量或体积计进行控制,以保证其准确的添加速率。浆体混合计算机控制装置,可以得到水泥或石灰(和水)的消耗量,也可以使用单位重量混合浆体中干的水泥或石灰的重量来确定单位面积撒布量。储存和运输浆液过程中,应不断搅拌,减少离析。承包商应向业主提供泥浆混合装置的计算机批处理记录。

当水泥或者新集料应用于现场冷再生施工中时,所需的材料应该在铣刨之前摊铺到路表面,当再生设备中有搅拌仓时,干燥的水泥和新集料可以直接撒到铣刨料中,但是,如果再生设备中不含搅拌仓,干燥的水泥或新集料应摊铺到铣刨设备滚筒的宽度,保证混合料的均匀性。如果水泥是提前撒布,可以使用单位重量混合浆体中干的水泥或石灰的重量描述体积分布。当水泥喷撒到卷筒的全宽度上时,应用标准的"帆布"测试法或类似的方法来检查水泥的使用量。帆布法是指在使用水泥之前,在现有路面上放置一块已知区域的帆布,当水泥沿路面撒布之后,可以称量帆布的质量来确定水泥的用量。新集料的使用量可以通过测试记录拖运车的供应量以及空车时再生设备运行的距离来确定。

采用措施尽量减少毗邻交通和风引起的扬尘。有风时应缩短铣刨机与摊铺机间距。不论什么时候,再生添加剂在当天工作结束后一定要回收,不能露天放置。除了再生设备,其他任何交通工具必须绕行已撒布添加剂区域。

厂拌冷再生中,干燥的水泥或石灰可以通过螺旋输送机或者皮带秤单独传输设备直接加入到搅拌仓,新集料可以通过一个单独的冷料仓校准用量后加入搅拌仓。

5)用水量

为满足再生剂在混合料中的分散和冷再生混合料的压实,需要适当控制水分,在现场冷再生中,水要么加入到冷铣刨机的滚筒中,要么加入到拌和仓中。图 13-2 显示水车为再生设备提供定量的水。厂拌冷再生中,水直接加入到搅拌仓中。

乳化沥青的分散用水量往往比压实用水量高,当乳化沥青用量发生变化时,水的添加量也应进行调整,以保证总的液体量仍满足配合比设计。

对泡沫沥青而言,压实用水量要大于泡沫沥青扩散用水量,因此,除非泡沫沥青混合料最佳压实度下的最大密度必须进行调整,一般情况下,用水量不会发生变化。

为了确保再生料的含水率在适当的范围内,应定期进行含水率检查。通过测定旧料的含水率可以更好地控制旧料的质量和性能,并根据需要进行调整。含水率检查应在拌和完成后,压实之前进行。

6)再生混合料的处理与摊铺

按照计划给出的长度、深度和宽度对现有沥青路面进行铣刨,旧料应该被破碎至规定的粒径范围内,与配合比设计中给出的一定剂量的再生剂、水和添加剂混合,并在现场施工时进行调整,以生产均匀的再生混合料。再生混合料在拌缸中拌和,不得离析,用设计好高程的熨平板进行摊铺。摊铺时应避免

图 13-2　水(前)和乳化沥青(后)连接并计量二者添加量

离析、松散和最终压实路面上的刮痕。现场冷再生混合料应尽量机械操作,防止产生离析。

未再生路面在两次连续铣刨(沿同一条纵向铣刨线)时不能有偏差,在铣刨机进入未再生路面时不能产生楔状体。连续切割之间的纵向接缝应重叠最小75mm(3in)和横向接缝应重叠至少2ft(0.6m)。铣刨时应尽量避免遇到土工布或其他土工织物混入,影响再生材料的性能指标,妨碍再生路面的摊铺和压实。过大的土工织物应予以拆除,并根据需要妥善处置。

在再生过程中,应注意橡胶填缝料、路面标记、电线、热塑性标志以及其他类似的材料并将其从道路上清除。不能完全清除的残留物质混入再生混合料时,须证明这些材料不会对路面产生不利的影响。残留在混合料中的任何异物,不得对再生路面的外观和强度产生不利影响。

再生材料的级配应定期检查,以验证其在混合料设计中的级配要求,确保旧料按所需的级配掺入。再生料最大粒径检查次数要多于级配检查次数。

7)厂拌冷再生材料的运输

用干净的货车将厂拌冷再生混合料运输到摊铺区,满载的货车应该有足够的时间将拌和好的料运送至摊铺机处,以满足 CCPR 混合料的摊铺和压实。

8)压实

初始压实时间与再生剂类型以及气候条件有关。混合料在乳化沥青破乳之前不能进行压实。乳化沥青的破乳时间在 30min 到几个小时之间,因其破乳情况的不同,可能会推迟压实。泡沫沥青混合料摊铺后一般可以立即进行压实。

应该建立压实模式,确定开始和结束时间,以确定已压实路面和未压实路面。压路机不应再在未压实的路面上起步或者停止。如果必要的话,应定期对轮胎、滚筒和机械装置进行补水,以防止集料黏到设备上,用足够的水来防止黏料,但是水不能过量,以防止产生水洼。

一般情况下,较高压实密度的混合料拥有更好的性能,压实度较好的混合料总密度(VTM)一般为 8% ~ 16%,偶尔会偏高。试验室压实密度、现场压实密度和试拌试铺压实密度是三种可用于确定冷再生混合料最终目标压实密度的方法,通常,试拌试铺确定的标准压实密度是首选方法。混合料设计密度未考虑现场压实时材料的变异性,采用现场压实密度时,目标压实密度由现场压实的试样决定,用配合比设计时的压实功确定试样的密度。试验室内试样必须与现场路面在相同条件下同时进行压实。由于再生料孔隙率较大,较难获得准确的重力读数,因此,用试验室成型密度较难控制压实。

试拌试铺压实密度是用重型轮胎压路机和双钢轮振动压路机来确定,用轮胎式压路机和双钢轮振动压路机的最小组合压实再生混合料。有时用1/3小压路机完成压实工作,确定压实密度。建立压实模式,确定能达到最佳压实效果的压实工艺。通过动压与静压组合来评价压实效果。核子密度仪通常用于评估每种压路机压实后密度的相对增加值。压实次数依据压实度不再增加、再生层不产生裂缝来最终确定。对于质量控制规范的符合性测试,其读数应该与在试拌试铺中确定的目标压实度采用同一个标准。应用核子密度仪测试方法是有问题的,因为很难及时获得核密度值,基于混合料的养护作业,获得较满意的核密度值可能需要几周时间。

在使用中有两种常见的密度计,一种是土壤核子密度计,一种是薄式沥青密度计。薄式沥青密度计专门测试沥青混合料的密度、垫层密度,这相当于土壤核子密度计测得的湿密度。冷再生压实密度和试拌试铺密度即是指总密度或者湿密度。如果需要的话,可以通过现场密度测试取得混合料样品确定其干密度,同时确定其含水率。使用该含水率可以将湿密度校正到干密度。图13-3为技术人员用核子密度计测定冷再生密度。

图13-3　用核子密度计测定冷再生密度

土壤核子密度计可以采用对向反射或直接传输模式。薄式沥青密度计没有伸缩探头,不能用直接传输模式进行测量。冷再生通常使用对向反射的土壤核子密度计测试方法。如果电磁表在冷再生混合料中的实用性不能确定,则不建议使用。

应该遵循在试拌试铺中确定的压实密度,再生混合料的压实密度必须在目标压实密度的可接受范围内,通常为±5%。若很难达到推荐压实密度,则证明混合料的均匀性发生了改变,因此需要建立新的压实方式和新的目标压实密度。混合料特性和天气条件会对压实效果产生影响。在压实过程中,应不断观察再生层。再生材料如果产生较大的位移和开裂,则需要调整压实工艺和目标压实密度。

9)雾封层和铺砂保护

含砂或不含砂的薄雾封层可以防止冷再生材料的磨损。雾封层是由乳化沥青加水稀释到60%制成,其用量为 $0.2 \sim 0.7 L/m^2$（$0.05 \sim 0.12 gal/yd^2$）。

为防止雾封层的剥落,可以掺砂,掺砂量为 $1 \sim 5 kg/m^2$（$2 \sim 3 lb/yb^2$）。砂子中应不含黏土或有机材料。雾封和砂封可在铺筑上面层之前保持路面安全稳定。

10)二次压实

当目标压实密度很难达到时(例如低温或旧料偏粗),二次压实或者再压实便体现出优势。再压实有以下几个目的:使混合料获得足够的强度;可以清除由交通荷载造成的车轮痕迹以及轻微车辙;减少冷再生混合料的水分渗入;使混合料更加密实。

在一些地区,没有必要进行二次压实。现在普遍用乳化沥青再生剂而很少用泡沫沥青,并且会加入水泥。进行二次压实,指的是在完成养生之后摊铺上面层之前,用轮胎压路机和双钢轮压路机进行二次压实。二次压实应该在早晨太阳升起后,地面温度达到至少80℉(27℃)时进行。需确定新的压实方式以保证二次压实达到最大密度。在确定二次压实工艺时,至少要尝试四次,因为最开始的压实密度可能较小。最终压实工艺由密度几乎不增加时的压实次数确定。如果路面温度没有达到最小值,而显示密度值不再增加,或者出现碾压裂纹,则应停止二次压实。

二次压实结束后,可以用核子密度计或者业主给定的方法测试再生路面密度。核子密度计测试应该在整个二次压实过程中持续监测,以保证二次压实所得密度在既定最大密度的±5%范围内。注意不能过压,在二次压实过程中应观测冷再生层,如果产生开裂,则终止压实。

11)养生

为了达到最终强度,冷再生混合料需要养生。影响养生速率的因素在第12章已经讨论。再生料在摊铺过程中水分过多将会延迟再生料强度的形成,导致面层早期破坏。应该在二次压实或摊铺上面层之前检测冷再生路面的含水率。

在摊铺面层或进行二次压实之前,再生层养生应保证最短时间(通常1~3d)和最大含水率(通常低于3%)。如果含水率未降到最大限值以下,并且在预期时间内不会有降雨(通常在2~10d不等),则可以同意承包商进行面层摊铺或进行二次压实。在这段时间内可以在再生层开放交通。

13.2.8 表面平整度

最终冷再生层应无车辙、破碎、压痕和粗细集料剥离等问题,同时满足纵、横坡要求。

规范规定,再生路面表面平整度可以用3m(10ft)直尺进行测试,在任何方向上单一测试结果应小于10mm(3/8in)。一些地区沿道路纵向平行或垂直放置直尺。沥青和混凝土路面都使用的平整度测试方法有国际平整度指数(IRI)、平均粗糙度指数(MRI)、分布指数(PI)或行驶指数(RN),这些方法也可以用来测试再生路面的平整度,但是并没有足够的证据证明所获结果的准确性,即缺乏该方面的规范指南。

鼓包可以通过返工、再压实、修补或打磨来进行修复。面层摊铺之前,应该洒布乳化沥青黏层油,然后在上层铺筑冷拌混合料、再生混合料、温拌或热拌沥青混合料。

13.2.9 维修

冷再生是一个可变过程,冷再生层在面层摊铺之前需要进行轻微养护。开放交通后,铺筑面层前,再生路面表面状态应易于交通安全出行,常铺筑雾封层或砂垫层用于保护冷再生层表面。应防止冷再生路面受污水等其他任何有害物质的影响。在面层摊铺前,再生材料的病害应该被修复。区域损坏可以参照表13-1进行修复。由于基层造成的再生层损坏所需的费用应由业主支付。

损 害 类 型	修 复 方 法
局部轻微松散或刮擦	清理并记录,确定是否有必要使用雾封层或二次雾封层进行保护
局部较大松散、刮擦、裂纹	在不能修复的区域进行交通限制,清理并记录,确定是否有必要使用雾封层或二次雾封层进行保护,在铺筑上面层之前,用沥青混合料(冷拌料、再生料、温拌料、热拌料)填充或清理并替换深层破坏区
在交通直行区出现大面积松散、刮擦、裂纹	进行再次再生或用沥青混合料(冷拌料、再生料、温拌料、热拌料)替换
由于车辆设备停放而产生的压痕	在面层施工前用沥青混合料(冷拌料、再生料、温拌料、热拌料)填充
由交通荷载二次压实造成轮迹带的永久变形	用沥青混合料(冷拌料、再生料、温拌料、热拌料)填充或在凹陷处铺筑微表处,或用碾压机械再次碾压以产生平整的路面
由于混合料不稳定产生的永久变形与推挤	结合室内混合料设计调查路面结构,依据调查,清理并用沥青混合料(冷拌料、再生料、温拌料、热拌料)替换病害区域,或重新补充粗集料,同时加入添加剂和再生剂

13.2.10 质量控制和业主验收测试

为确保再生项目符合规范,需进行质量控制和业主验收抽样测试。规范通常大致描述取样频率和检测程序,要依据 AASHTO 或 ASTM 方法进行测试。

在冷再生施工期间,承包商或业主应该有合格的技术人员、测试试验室及试验人员对再生路面进行必要的抽样和检测。如果由承包商负责,则在施工前,测试试验室以及抽样检测人员的水平应由业主进行审查并批准。业主有权进入试验室,了解取样过程、试验地点、混合料设计的所有测试结果和质量控制技术。

13.2.11 表面层

如果需要,表面层可以在养生或二次压实后的任意时间铺筑,在铺筑表面层之前,需要仔细清理再生路面上的所有松散材料和积水。在上覆沥青层作为表面层的情况下,需要在再生层全表面洒布乳化沥青黏层油,但不能使用热沥青涂层或碎石封层。

13.2.12 计量和付款

规范需要指明如下项目的计量方法和付款方式:
(1)进场/退场。
(2)交通控制。
(3)面层准备。
(4)冷再生施工。
(5)再生剂、添加剂、新骨料。
(6)路基及基层失稳修复。

设备进场/退场应该单独作为一次性支付项目,以方便为冷再生施工提供必要的设备,避免因设备数量调整而产生纠纷。

冷再生施工中的交通控制通常作为单独支付项目或整体交通控制支付项目的一部分,交通控制通常作为附属项包含在冷再生支付项目中。

面层准备项是冷再生施工的典型附属项目,包括清除有害附属设施的补偿。面层准备中,调整高程、预先铣刨清除部分路面或加宽路面等应按平方码(平方米)作为单独的支付项目。

冷再生施工通常是以平方码(平方米)进行计量和支付,施工深度需满足业主的规定。最终的计量与再生次数无关,不计重叠的宽度、材料的强度和材料的类型。冷再生单价通常包括冷再生施工中的劳动力、材料、机具、设备和所包含的所有必要的配套措施完全到位时的费用。它通常包括冷再生混合料的铣刨、破碎、筛分、拌和、摊铺和碾压的成本;对再生层的保护和维修,不良路基处理除外;所有的质量控制试验,如果需要由承包商提供混合料设计,也应包括在内;如果需要承包商提供施工前培训和指导,该费用也包括在内;进行雾封层、撒砂、清洗等费用;按照规范和计划进行测试并记录所有测试结果所产生的费用。

再生剂和添加剂通常以吨(公吨)为单位分别计入不同的项目。它们的计量是基于认证的供应量扣除未使用的部分。支付款项包括所有与再生剂和添加剂供应和使用有关的费用,包括再生过程中所有的运输、装卸、储存、撒布或所有的包装、损耗、安全措施等。冷再生过程中使用的水不能直接支付,而应作为冷再生的附属项计算。

不稳定路基、基层的修复,如果在设计和招标阶段便已知,则以不同的计量单位通过单独的支付项目进行支付。如果在冷再生施工过程中遇到基层问题,属不可预见,应要求额外支付。

13.3 特殊规定

特殊规定附加在冷再生规范后,用于表示特定的项目需求,如:

(1)工作范围。

(2)施工计划,分期或限制工作时间。

(3)运输路线要求。

(4)协调交通要求。

(5)与其他承包商的互动与合作。

(6)设备的停放。

(7)混合料设计信息。

(8)其他特定需求。

特殊规定通常包括详细项目调查的现场及材料情况,以及有代表性的测试结果。获得信息应包括:

(1)现有路面结构,包括单层的厚度。

(2)沥青的性能。

(3)沥青层中集料的级配。

(4)是否存在土工织布或其他土工材料。

(5)所有公用设施和道路铸件,包括暴露的和掩埋的。

(6)初步设计的路面结构。

第五部分　全深式再生（FDR）

第14章　全深式再生工程项目分析

第3章讲述了工程评价步骤、经济分析和再生方式初选，下一步就是详细工程分析，直接进行最终工程设计和施工。

FDR是翻起全部厚度的沥青路面和预定比例的下层材料（基层、底基层和路基），将所有材料粉碎并拌和，为即将修建的高等级路面提供均匀基层材料的一种维修方法。通常情况下，翻起的材料直接拌和，无须加入任何稳定剂就可作为新路面的基层或底基层。但如果经过合适的工程评价后确定再生材料需要进行改进和修正，有三种稳定方法可供使用：

（1）机械稳定。

（2）化学稳定。

（3）沥青稳定。

机械稳定是指通过添加粒料（如新集料）、回收材料（如回收沥青路面材料RAP）或破碎的水泥混凝土等进行稳定。化学稳定是指通过添加水泥（波特兰水泥或水硬性水泥）、石灰（消石灰或生石灰）、自凝型C类粉煤灰、F型粉煤灰（配合其他添加剂使用）、水泥窑灰（CKD）、石灰窑粉尘（LKD）、氯化钙、氯化镁或各种专用化学品等进行稳定。沥青稳定是指通过使用液体沥青、乳化沥青或泡沫（膨胀）沥青进行稳定。不同的稳定方法可以由一种主要的稳定剂构成，或者辅以一种外加剂（添加剂）。稳定剂与添加剂结合可以优化FDR性能。

FDR可处理的道路破损有：

（1）所有类型的裂缝，包括老化裂缝、疲劳裂缝、边缘裂缝、滑动裂缝、龟裂、纵向裂缝和反射裂缝。

（2）由于膨胀、隆起、凹陷、补丁、沉降引起的行驶质量下降。

（3）车辙、波浪和拥包等永久变形。

（4）面层间剥落。

（5）水损害（剥离）。

（6）松散、坑槽和泛油导致丧失面层整体性。

（7）大量路肩脱落。

（8）结构承载力不足。

（9）路基不稳定。

图14-1所示路面具有明显的表面和结构损坏，是用FDR方式修复的典型形式。但是，并不是所有的可用FDR修复的路面都具有明显的面层破坏。更深层的路基或基层破坏也可由FDR修复，保证其结构承载力。

图14-2显示弗吉尼亚I-81用FDR方式拟修复的外车道的状况。

由于路基或排水问题造成道路大范围变形或破坏的路面可以采用FDR方式，但是必须采取相应的措施修复这些缺陷。为了纠正路基问题，通常要先移除再生材料，使用添加剂使路基重新达到稳定，然后将厂拌再生料重新回填摊铺到处理好的路基上。

预期设计年限、设计年限内的性能要求以及可接受的未来养护要求与FDR的处理厚度、所用稳定剂的类型与用量、添加剂类型、路基土类型和状态以及随后的面层类型和厚度有关。

图 14-1　用 FDR 方式可修复的典型形式

图 14-2　I-81 弗吉尼亚 I-81 用 FRD 方式处理之前路面

14.1　历史信息评价

在历史信息或现有信息的详细描述中,需要包含以下数据:

(1)现有沥青面层和粒料基层的厚度。

(2)沥青面层和下部粒料层集料颗粒大小。

(3)路基或底基层的级配和可塑性。

(4)是否存在卵石/巨石。

(5)沥青道路中是否存在可能影响 FDR 施工的路用纤维或其他土工织物。

(6)是否存在特殊的混合料,例如开级配排水层、开级配抗滑表层、沥青玛蹄脂碎石混合料等,它们可能影响稳定剂和添加剂类型和用量的选择。

(7)表面处治的修补位置和修补年代。

(8)修补材料,如热拌沥青、温拌沥青、冷拌沥青、混凝土,喷射贯入修补等。

(9)封缝处理(产品类型及处理年限)。

(10)道路年限以及应用于沥青路面的沥青类型。

以下是原始沥青路面、粒料基层和底基层施工的现有质量保证(QA)信息:

(1)沥青用量。

(2)集料级配。

(3)土壤塑性。

(4)现场碾压。

14.2　路面评价

在详细的路面评价中,需要确定路面的破损类型、程度和频度。FDR 法由于将全部沥青层连同部分下层材料一起粉碎,可以除去现有道路的裂缝和破损,将其改良为粒状材料,并摊铺成新的道路结构。

大范围或频繁的面层修补增加了现有材料的变异性,这将影响再生材料的均匀性。大的/深的修补通常采用了优于原来道路材料的新材料,因而依据规范规定的稳定剂类型,可能需要进行专门的配合比设计。修补也可能反映不同的路面结构,较高的地下水位或较差的路基状况,这些薄弱状况应作为道路维修的一部分被修复。

现有沥青路面的磨损性车辙可以用 FDR 处理,但是用其他再生方法会更加经济。如果设计中选择合适的稳定剂和添加剂,FDR 可以纠正失稳性车辙。若结构性车辙不是由于路基薄弱/潮湿引起的,也可以用 FDR 处理,确定 FDR 稳定层的厚度,然后选择合适厚度的面层即可修复结构性车辙;若是由于路基薄弱/潮湿引起的,可将道路粉碎并移到一边,处理路基,再将粉碎的材料回填,完成 FDR 工程。FDR 过程也可以处理路面结构上部 18~20in(450~500mm)范围内的路基问题。

14.3　结构承载力评价

结构承载力评价包括两个方面:满足预期交通所需的结构强度要求,满足 FDR 施工时的结构强度要求。一方面是在养护设计年限内,满足预期交通所需的结构强度。如果用 AASHTO 1993 路面结构设计指南来确定所需的整体路面结构,则用于稳定 FDR 混合料的沥青的结构层系数通常范围为 0.20~0.30。在沥青稳定剂中加入石灰、水泥、自凝型 C 类粉煤灰所生产的再生混合料与仅使用沥青材料作稳定剂的再生混合料相比,初始强度明显提高,具有明显的长期优势。但是,必须限制凝胶类再生剂的使用数量,防止其改变从柔性到刚性的应力应变行为。此外,添加剂会增加材料和施工成本,应该用混合料设计方法作为指南确定是否需要外加剂。

用于稳定 FDR 混合料的凝胶型材料的结构层系数在 0.15~0.25 范围内。结构层系数的取值范围与所使用的稳定剂的数量和种类有关。用于稳定 FDR 混合料的石灰的结构层系数相对较小,因为它们只提供有限的强度增量,但是,石灰稳定剂相比于凝胶型稳定剂和沥青稳定剂而言,更能降低材料的塑性。业主应该为 FDR 混合料确定合适的结构层系数。

AASHTO 的力学经验设计程序(AASHTOWare 路面 ME 设计方法)的初步试验表明,FDR 材料的默认值是保守的,因而造成了保守性设计。已经完成的 NCHRP 9-51 现场冷再生和全深式再生沥青混合料材料性能设计,可以更好地指导路面 ME 设计的成功使用。

结构承载力评价的另一方面是路基能够为施工设备提供足够的承载力。FDR 再生机一般采用高浮式轮胎,因此设备的通过不成问题,但是如果下卧层没有提供足够的支撑,将产生大量的变形,并且不能充分压实。薄弱、潮湿或软弱路基需要改善或稳定以确保再生混合料充分压实,否则路面强度和性能将明显下降。

业主可以采用多种方式评价路基承载力:动力圆锥触探仪(DCP)测试、落锤式弯沉仪(FWD)测试和轻型落锤式弯沉仪(LWD)测试。使用 DCP 测试方法,通过钻取沥青面层,使粒料基层/底基层和路基材料裸露,然后评价其材料性能。很显然,如果在钻芯过程中用到水,可能会影响下卧层上部材料的DCP 值。相同位置钻取的沥青面层也要测试其承载力。对于薄弱的道路结构,应进行其他 DCP 测试以更全面地评价承载力并确定薄弱区域。

DCP 测试结果作为现场强度指标,其随着一年内基层和路基含水量的变化而变化,因此最好是在路基含水率与 FDR 施工时含水率相近时进行测试。如果这一点无法做到,则需要调整 DCP 评价标准以解决测试与施工时含水率的差异问题。每一家业主单位都要建立自己的 DCP 锥击次数与 FDR 施工评价标准曲线图,因为测试结果会受材料类型、土壤和地下水状况的影响。

FWD 和 LWD 通过采用其他参数反算路基回弹模量,也可用于评价现有路基承载力。与 DCP 测试相同,每一家业主单位都应根据当地状况建立自己的评价标准。

14.4　材料性能评价

利用现有信息分析和评价结果,可以将工程按相似材料或相似性能划分为多个部分或区域,然后采用某一模式制订现场取样计划,该模式能取得再生路面的代表性样品,保证取样频率为每 800~1 600ft(250~500m)一点。如果该地区的破损状况和材料存在显著差异,则应额外进行取点。

现场可以通过湿法或干法钻取芯样,也可以用锯块的方法块状取样,然后挖掘试验坑,取样测试下层材料。挖掘试验坑的优点是可以得到具有代表性的试样,尤其是底层材料,但是测试坑通常比钻芯费用高,时间长,且对交通影响较大。钻芯试样和块状试样在试验室进行破碎,得到旧料的设计级配,试验室破碎方法得到的级配与 FDR 真实施工得到的级配类似。现场取样将在第 15 章作更深的讨论。

14.5　几何形状评价

项目的详细几何形状评价应包括:
(1)是否需要重大改线、加宽或排水校正。
(2)是否含有地下管线/排水结构。
(3)是否需要对一些地下管线进行升级。
(4)是否需要纵坡/坡度校正。
(5)是否需要横坡/坡度校正。
(6)是否有中线、路缘石、车道或其他净高限制。
由于现有沥青道路全部粉碎并与下卧层粒料部分或全部进行混合,因而重大改线、加宽或排水校正容易在 FDR 工艺中实现。FDR 已成功用于维修过程中需要摊铺现有粒料来加固路肩的工程。为了取得良好的效果,现有的路基必须有足够的颗粒材料、很好的路基支撑并且选择合适的稳定剂。

需要评价公共设施盖子(检查井和阀)是否存在、布设间隔和布设高度。通常有两种方法来处理这些问题,第一种方法,检查井和阀门应低于 FDR 处理厚度以下至少 4in(100mm)并准确记录其位置。检查井应覆盖足够厚度的钢板并用 RAP 或颗粒材料回填。道路应连续施工以便维持 FDR 的处理厚度和材料的连续性。摊铺上面层后,找到检查井和阀,仔细开挖并提高到与上面层高程平齐,以保证路面的平整。第二种方法,将靠近公共设施的材料挖至处理深度,将其粉碎并与稳定剂拌和,然后进行更换和压实。如果现有地下管线需要加强,应在维修道路面层之前进行施工。

道路的宽度决定了再生机具在全断面粉碎或切削的次数。再生机有固定的宽度,通常宽 1.8~3.7m(6~12ft),不同行程之间的搭接量取决于所需处理的宽度,相邻行程间的纵向搭接最小为 150mm(6in),横向重叠至少 0.6m(2ft)。现有的路拱位置将影响行程数,双向路拱道路需要在路拱的每一侧边缘加一个行程,需要半幅施工,搭接量会增加。在处理主路之前,通常要先行处理转向、加速和减速车道,施工时应谨慎,以确保稳定剂和水不会在大面积重叠区域内双倍使用。

FDR 设备的机动性和可操作性很好,因此即使是在城市周围,也不会受道路线形的影响,有 T 形交叉口的道路可一直处理到 T 顶部。通常也可处理铺设好的车道和其他入口、邮筒和道路上的短窄区域。

FDR 工艺可以在摊铺面层之前纠正大多数纵向与横向断面缺陷。然而,如果缺陷很严重,为确保处理厚度的均匀性,需采取如下纠正措施:

(1)如果现有沥青层较厚,则在 FDR 之前铣刨沥青层,以纠正断面缺陷或在粉碎后去除多余材料。

(2)在 FDR 施工前添加新集料或外部来源的 RAP,尤其对较薄的道路结构。

(3)用 FDR 工艺纠正尽可能多的断面缺陷,然后用其他面层材料纠正剩余的断面缺陷。

14.6 交通评价

最初,FDR 用于低等到中等交通量的道路,因为一般大交通量的道路结构层更厚且没有有效的粉碎方式。然而,随着更新/更大设备的使用,FDR 现在也可用于大交通量道路。如果将道路结构设计作为维修方法的一部分,以确保对未来交通无影响,则对道路交通量没有上限要求。交通控制可以允许交通分流,不会对破碎稳定后的路面造成破坏。图 14-3 显示了在弗吉尼亚 I-81 段应用 FDR 的施工过程。

图 14-3 弗吉尼亚 I-81 段应用 FDR 施工

由于 FDR 工艺相比于常规道路重建方法,缩短了施工时间,并且施工期间可以保持一半道路开放,从而减少了道路中断和用户不便。如果可能的话,让全部车辆绕道而行以实现全幅道路宽度一次性处理更为有效。FDR 避开高峰施工将进一步减少交通中断,但这会降低生产效率,增加费用。

依据现有道路宽度,FDR 通常一次处理半幅道路。对于两车道道路,通过施工区域的单向交通需进行合适的交通控制,如旗工、车道划分标志和交通疏导车等。对于非常狭窄的两车道道路,则增加了交通调节的困难,尤其是在只有少许或没有路肩的情况下。对于狭窄道路,需解决容量大的/宽的货车通行问题或承受过大荷载的问题。

城市交叉口和商业通道也需要进行交通控制。由于 FDR 施工速度快,交叉口和通道中止服务时间短,通常可用旗工或车道划分标志来控制交通。

14.7 施工可行性评价

受再生设备和附属设备数量的影响,FDR 的施工速度存在差异。通常情况下,一次转场可以完成 4 750 ~ 10 000yd²(4 000 ~ 8 500m²)。FDR 设备相对较轻并且操作性能好,因此设备的整夜停车或存放并不是问题。为了保证 FDR 设备和运送稳定剂和添加剂的货车能够顺利通行,要检查桥梁和地道的净高。FDR 设备能够处理到路缘和排水沟,对于垂直混凝土部分(无排水沟),必须用更小的设备清除,以便该区域能够被全部处理。

用到再生部分中的下卧层材料应该不包含太大的岩石和巨砾石,以免损坏再生机。下卧层材料的最大粒径应小于再生混合料允许的最大粒径。

如果 FDR 混合料设计中需要添加粒料,则需要评价粒料的可用性、级配和质量。

14.8 环境影响评价

如果正在下雨或即将下雨,则不能进行 FDR 施工,因为雨水会稀释沥青稳定剂,降低撒布在路面的干燥化学稳定剂的作用效果。类似的,FDR 工作通常不在有雾或潮湿的条件下进行,这会延长沥青稳定剂的养护时间。很少或没有阳光直射的大范围阴暗区域有助于沥青稳定剂的渗入和初步养护,但养生和压实需要更长的时间。在这种情况下,使用石灰、水泥或凝胶型 C 型粉煤灰通常可以减少养生期并提高早强,数小时后即可开放轻型交通。当存在排水较差或含水率高于平均值的区域时,稳定剂可能会出现问题。

所有的化学稳定剂和沥青稳定剂在应用时都存在温度限制,当土壤、集料或者路基出现结冰,环境温度低于 35℉(2℃),或者预计 7d 内出现冰冻温度时,则不能进行 FDR 施工。

与所有的再生施工项目一样,FDR 施工也会产生噪声,但是由于其施工速度快,处理时间短,噪声的影响是短暂的。噪声在城市中受到更多的关注,因此,需要合理的限制工作时间。

14.9 经济评价

当进行寿命周期成本分析时,各种 FDR 再生方法的预期服务年限通常在以下范围内:

(1)进行表面处治的 FDR,7 ~ 10 年。

(2)沥青全厚度处治的 FDR,达 20* 年。

注:* 等效于当地新建道路服务年限。

FDR 路面服务年限的限制因素通常指面层的服务年限而不是 FDR 混合料本身。不同业主单位 FDR 再生技术的效果和性能不同,主要取决于:

（1）当地状况。

（2）气候。

（3）交通。

（4）技术类型和所用材料质量。

（5）工程质量。

第 15 章　全深式再生混合料设计

当全深式再生(FDR)作为路面维修策略的一部分时,其目的是消除路面现有损害,再利用现有材料来建造强度更大和承载力更高的道路基层。为了提高再生材料的承载能力,通常加入稳定剂来改善以下性能:

(1)强度。

(2)耐久性。

(3)水稳定性。

稳定剂可以是以下几种形式。

(1)机械的:与加入的粒状材料如新集料、回收沥青路面材料(RAP)和破碎/回收的波特兰水泥颗粒形成嵌锁结构。

(2)化学的:波特兰水泥(干粉或稀浆)、石灰(熟或生石灰)、粉煤灰(C 或 F 型,且与其他添加剂一起使用)、水泥窑渣(CKD)、石灰窑渣(LKD)、氯化钙、氯化镁和其他化学品。

(3)沥青的:乳化沥青或泡沫/膨胀沥青。

(4)复合的:以上一种为主,另一种作为添加剂少量加入。

无论使用何种类型或数量的稳定剂,都需要进行室内配合比设计,以使稳定剂用量和再生混合料的力学性能最优。配合比设计决定了所设计的 FDR 混合料中稳定剂的种类和用量、建议含水率和添加剂,通过配合比设计使混合料在未来有足够的强度、耐久性和抗水损害。另一份有关混合料设计的报告(JMF)介绍了用额外的质量控制方法来确保路面、结构满足所需要的要求和所期望的性能表现。所有的 FDR 应用都建议先进行混合料设计。然而,基于现场条件,通常还要对配合比设计中的初始稳定剂含量进行调整来达到最佳性能。

目前,对于 FDR 混合料的配合比设计,国家没有统一的方法。一些使用了 FDR 的地方机构有他们自己的混合料设计方法,但这些方法差异较大,从简单的经验法到基于性能测试的复杂方法均有。尽管不是专为 FDR 提出的,但波特兰水泥协会、全国石灰产业协会和美国粉煤灰协会推出了适用于含 RAP 的 FDR 混合料的设计方法。目前,AASHTO 与 ARRA 均提出了 FDR 的混合料设计方法。要了解 ARRA 的最新动态,请访问网站 www. ARRA. org。

15.1　稳定剂初选

使用第 14 章所讨论的详细工程分析的结果,设计工程师将确定应使用何种稳定剂或是稳定剂与添加剂的复合物。历史、路面结构与材料性能评价结果将明确现有路面结构的破碎回收是否满足条件。如果破碎回收材料不足以提供足够的结构支撑,那么可能需要稳定剂的加入(如机械的、化学的或沥青的)。在一些情况中,粒料类的机械稳定可以提供所需的结构能力。粒料的用量和级配将取决于现有的路面情况和再生材料的性能。再生材料和所加入的粒料将作为粒料基层。

如果机械稳定不足或由于经济问题和道路几何形状不能使用机械稳定,那么还可以使用化学或沥青稳定。稳定种类取决于以下几个因素:

(1)现有路面的厚度。

(2)再生材料的性能。

(3)所需补强/改性数量。

(4)稳定剂的易获得性。

(5)业主和当地承包人的经验。

(6)经济性。

目前可用的沥青和化学稳定剂很多,可改进再生材料的物理性能和抗水损能力。对于某些再生混合料,一些稳定剂更有效且更经济,每种稳定剂在 FDR 工艺中都有自己的价值。在选择化学或沥青稳定剂时并没有严格的准则,且在选择中会有一些重叠,可能二者皆可。沥青类稳定剂适用于交通量不大的柔性路面结构,但有更严格的级配要求且需要材料的低塑性。黏结稳定剂可以和广泛的材料共同作用,且可以适应更高塑性的材料。也可以根据交通量的大小和对收缩裂缝的特殊需要来进行稳定剂的选择。石灰稳定材料通常和细粒高塑性的材料一起使用。表 15-1 基于再生材料的性能给出了推荐使用的沥青和化学稳定剂选择标准。添加剂和稳定剂可复合添加使 FDR 材料性能更优。

对于含 RAP 料的 FDR 材料的稳定剂类型选择指南   表 15-1

材料类型—含 RAP	USCS	AASHTO	乳化沥青 SE >30 或 PI <6 且 P_{200} 5%~20%	泡沫沥青 PI <10 且 P_{200} 5%~20%	水泥 CKD 或 C 型粉煤灰 PI <20 SO_4 <3 000ppm	石灰/LDK PI >20 且 P_{200} >25% SO_4 <3 000ppm
良好级配碎石	GW	A-1-a	X	X	X	
不良级配碎石	GP	A-1-a	X		X	
粉质砾石	GM	A-1-b	X	X	X	
黏质砾石	GC	A-1-b A-2-6	X	X	X	
良好级配砂	SW	A-1-b	X	X	X	
不良级配砂	SP	A-3 A-1-b	X		X	
粉土质砂	SM	A-2-4 A-2-5	X	X	X	
黏土质砂	SC	A-2-6 A-2-7			X	X
粉土	ML	A-4 A-5			X	
低塑性黏土	CL	A-6			X	X
有机黏土	OL	A-4				
弹性土	MH	A-5 A-7-5				X
高塑性黏土	CH	A-7-6				X

注:P_{200} =200 号筛(0.075mm)的通过百分率;SE = 砂当量(AASHTO T176 或 ASTM D2419)。
　　PI = 塑性指数(AASHTO T 90 或 ASTM D4318)。

15.1.1 化学类稳定剂

最常用的化学类稳定剂有波特兰水泥、石灰、C 型粉煤灰或其混合物。它们的主要作用是通过将颗粒黏结在一起来提高再生材料的强度。化学类稳定剂中的氧化钙成分会与再生材料中的黏土颗粒相互作用,降低其塑性。因此这些黏结剂适用于塑性指数(PI)低于 20 的再生材料。石灰或石灰窑渣常用来进行黏土类路基的土壤稳定,且适用于再生材料的塑性指数大于 20 的情况。最终强度主要与再生材料中黏结稳定剂的添加量有关。但是,如果添加过多的黏结稳定剂会使再生混合料变硬变脆,从而增加了收缩裂缝导致疲劳寿命降低。以下方法可减少与黏结材料有关的收缩裂缝:

(1)用量尽可能降低,但应满足配合比设计要求。
(2)在控制的含水率下拌和与压实。

（3）适当控制再生混合料的干化率。

（4）对再生混合料进行微裂缝处理。

15.1.2 沥青类稳定剂

用沥青稳定的再生材料柔性更好。沥青稳定的混合料不容易发生收缩裂缝，且比黏结稳定剂处理的混合料能更快开放交通。使用不同性能和稳定剂用量的材料可以承受重复的拉应力，和用来替代级配碎石的沥青材料有相似的行为规律。但沥青稳定剂可能会花费更高的初始材料费用。

一些沥青稳定剂可与边缘再生材料作用，但稳定混合料有时易受水分影响。加入少量的稳定添加剂（再生料质量的0.5%～1.5%），如波特兰水泥或石灰/LKD，与沥青稳定剂复合，可以改善水敏感性。这些添加剂可以显著改善再生混合料的强度和抗水损害能力，且不会影响材料的疲劳性能，同时还可以作为催化剂增强材料的早期强度，从而有利于更快的开放交通。因此，使用波特兰水泥或石灰作为添加剂而与沥青类稳定剂共同作用变得很实用，尤其对于再生材料处于边际质量时。

1）乳化沥青

乳化沥青主要由沥青、水和乳化剂组成，但可能含有其他添加剂，如涂层改良剂、抗剥落剂或聚合物等。由于沥青与水不融合，乳化沥青的目标是将沥青分散于水中并足够稳定以利于泵送、长期储存和拌和。乳化沥青应在与再生混合料接触后的适当时间内"破乳"，即沥青从水分中分离出来。养护期间，剩余或参与的沥青仍保留沥青原来所具有的黏附性、耐久性和抗水损害能力。乳化沥青与再生材料（RAP、颗粒材料和水）的化学性能对稳定性和乳化沥青的破乳时间都有重要影响。因此，在混合料设计中，很重要的一点就是确定乳化沥青与再生材料的兼容性。

2）泡沫沥青

泡沫沥青是空气、水和热沥青的混合物。在如图15-1所示的膨胀室中，将少量的冷水（15～25℃）加入到热沥青（160～190℃）中，就会产生泡沫沥青。

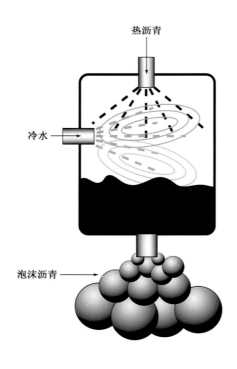

图 15-1　泡沫沥青膨胀室

水使得沥青迅速膨胀形成泡沫。泡沫沥青适用于拌和湿冷材料。在泡沫状态下,沥青的黏度大大降低,且其表面积急剧增加,因而其更容易分散在再生材料中。为了使泡沫沥青在 FDR 中充分地分散,与乳化沥青相比,可能需要添加一些矿粉。矿粉添加不足可能会导致沥青结块,且结块的大小与矿粉量的多少有关,矿粉越少,结块就越大。这些沥青块作为润滑剂会导致再生材料的强度和稳定性降低。

泡沫沥青的再生材料不像使用乳化沥青材料那样是黑色的。当泡沫沥青与再生材料接触时,沥青泡沫爆炸成许多微小的"小球",这些"小球"搜索并黏附到细小颗粒上,特别是小于 200 号(0.075mm)的部分。这种对细小颗粒的优先吸附性产生的沥青黏结填料将作为胶浆与粗颗粒组合在一起,最终形成的再生混合料呈浅黑色。

当使用泡沫沥青时很重要的一点是确认工艺中所用水的相容性。

15.2 混合料配合比设计指南

无论使用哪种稳定剂,FDR 混合料配合比设计都应该包括以下几个主要过程:

(1)获得道路的沥青面层、基层和垫层材料的采样。

(2)破碎沥青面层获得 RAP。

(3)确定级配、塑限指数和砂当量。

(4)如果需要,基于结构和材料要求来选择稳定剂和添加剂。

(5)对材料确定其最大干密度和最佳含水率。

(6)对不同稳定剂掺量的混合料在设计含水率下拌和并压实试件。

(7)养护试件。

(8)对所尝试的混合料测试其强度和耐久性。

(9)确定现场拌和的配合比。

(10)如果需要,在现场进行调整。

15.2.1 现有路面取样

为正确地设计 FDR 混合料,需要获取并评价有代表性的路面试样。取样必须充分考虑工程全线的 RAP 和下层材料(基层、底基层和路基)的物理性能。对可获得的施工与养护记录进行回顾,分析确定材料是否存在明显差异。材料上有明显差异的路段应作为单独的取样段处理,以确保取样的代表性。不同混合料区域和大范围的养护区域不应放在一起进行混合料设计。

划出取样单元后,采用随机取样的方法从每个单元取得路面试样。应获取贯穿整个路面的试样而不单单从一个特殊位置取样,例如从不同轮迹带取样,来评价整条道路中材料厚度是否满足条件。取样的位置应该在将要回收路面的整个横断面上,包括车道线附近、轮迹带之间和轮迹带上、路面边缘,如果路肩回收的话,还要包括路肩。

现场取样的频率随样品数随工程的大小、相同材料或材料性能区域的大小和根据现有工程数据确定的材料变异性变化而变化。通常,对于小的连续区域,取样位置为 3 ~ 5 个,对于大的不连续区域,取样位置大于等于 20 个。制订一个现场取样计划要考虑对回收的路面有代表性。取样频率为每250 ~ 500m(800 ~ 1 600ft)一个。在病害和材料有明显不同的地方,要增加取样点。每个现场取样位置的钻芯数量与取样位置的数量、试验室的试验量和将采取哪种混合料设计方法有关。通常,每次混合料设计大约需要 136kg(300lb)的沥青路面和下层材料。如果还需要评价不同稳定剂的影响,那么还需要更多的材料。

现场获取试样可以采用潮湿或干燥的芯样,同时可以采用切块取样的方法。芯样的直径通常是150mm(6ft)。下层材料也可采用切块取样,通过把路面切割开再挖锯出探坑从而获得试样。然而,相较于钻芯,切块取样更大,花费的时间更长且对交通的影响更大。但这样做的好处是取样更具有代表性。

需要对试样的全厚度进行仔细的检查,以确定路面各层、表面处理、黏结层、土工合成材料是否连续,以确定剥离的原因。在一个试样检查完后,需要对观察结果进行记录并拍照,然后在室内对芯样或板块试样进行破碎获得 RAP 进行混合料设计。室内破碎所获得的粒径大小应与正式的 FDR 过程中所获得的相近。

15.2.2 现有材料性能

代表性试样的 RAP 和下层材料需要进一步分别测试级配(AASHTO T11 和 T27 或 ASTM C117 和 C136)和含水率(AASHTO T255 和 T 265 或 ASTM D2216)。将不同材料按照 FDR 工艺中对应的比例掺配成混合料,需要测试其塑性指数(PI)(AASHTO T90 或 ASTM D4318)和砂当量(SE)(AASHTO T176 或 ASTM D2419)。上述试验结果将会帮助判断稳定剂的种类和掺量以及是否需要使用颗粒类材料或其他添加剂来提高材料的性能。对于沥青类稳定,通常还对 RAP 进行以下测试:

(1)沥青含量(AASHTO T308 或 ASTM D6307)。

(2)抽提后的集料性能。

(3)集料级配(AASHTO T30 或 ASTM D5444)。

(4)集料形状和棱角(AASHTO T304 和 T335 或 ASTM C1252,D5281 和 D4791)。

(5)再生后沥青的黏度(AASHTO T49 和 T202 或 ASTM D5 和 D2171)。

15.2.3 直接路拌配合比设计

不添加稳定剂和添加剂仅添加水时,FDR 可不进行配合比设计。测试包括确定最佳含水率和最大干密度,测试通常使用普通的含水率—密度测试方法,例如 AASHTO T99(ASTM D698)或 AASHTO T180(ASTM D1557),测试目的是为了控制压实质量。

如果需要的话,还可以进一步对在最佳含水率下压实的再生混合料进行强度测试。强度测试包括 CBR,AASHTO T193(ASTM D1883);R 值,AASHTO T190(ASTM D2844);回弹模量,AASHTO T307 或其他相似试验。强度测试的结果用来判断再生材料的最小强度是否满足要求。

15.2.4 机械稳定配合比设计

当再生材料直接粉碎、拌和及压实不能提供所需的结构强度支撑时,需要通过添加粒料如新集料、再生水泥或 RAP 来改善。粒料的添加量取决于:

(1)再生材料的级配与物理性能。

(2)现有道路的几何形状。

(3)可达的拌和与压实厚度。

(4)经济性。

如果再生材料太粗且缺乏细集料不足以压实,则粒料必须是砂或更细的材料,以产生更加均匀的级配材料。相反,如果再生材料太细,则需要更粗的粒料。

现有的道路几何形状如路缘石高度、跨线结构的净高、道路宽度和边坡将限制粒料添加量。粒料添加增加了再生层厚度,因此必须在整个设计中加以考虑。

一旦新粒料的用量确定后,配合比设计的过程与直接路拌相同。最佳含水率与最大干密度使用常用的含水率—密度测试方法,例如标准葡氏法,AASHTO T99(ASTM D698),或更常用的改进葡氏法,AASHTO T180(ASTM D1557),或其他相似的测试方法。如果需要的话,还可以进一步对在最佳含水率下压实的再生混合料进行强度测试。强度测试包括 CBR,AASHTO T193(ASTM D1883);R 值,AASHTO T190(ASTM D2844);回弹模量,AASHTO T307 或其他相似试验。强度测试的结果用来判断再生材料的最小强度是否满足要求。

15.2.5 化学稳定配合比设计

化学稳定包括使用波特兰水泥(干粉或稀浆)、石灰(熟或生石灰)、粉煤灰(C 或 F 型,且与其他添加剂一起使用)、水泥窑渣(CKD)、石灰窑渣(LKD)、氯化钙、氯化镁和其他化学品。无论使用哪种化学稳定剂,其配合比设计过程一般包括:

(1)确定再生材料的适用性。

(2)确定再生材料、稳定剂和水的比例。

(3)养生试件。

(4)确定稳定混合料的性能。

1)黏结稳定剂

对于使用波特兰水泥/水泥窑渣或 C 型粉煤灰的 FDR 配合比设计,分别按照波特兰水泥协会和美国粉煤灰协会所提出的步骤进行。它们分别适用于塑性指数小于 20 的再生材料。

配合比设计的第一部分是评价再生材料用作化学稳定基层的适用性。如前述 15.2.2 节所述,再生材料的物理性能可用来确定是否需要添加粒料和选择可能的黏结稳定剂。

第二部分是通过试拌确定再生材料、黏结稳定剂和水的比例。初拌比例通过反复试验或由经验确定。通常,配合比设计时需要评价多种黏结稳定剂的用量,通常在 2% 左右。同时,使用不同黏结稳定剂的相关经验可有助于选择初拌比例和缩小掺量范围。

对于给定的水泥稳定剂掺量,最佳含水率和最大干密度可通过 AASHTO T134(ASTM D558)、标准葡氏法(AASHTO T99,ASTM D698)或改进葡氏法(AASHTO T180,ASTM D1557)确定。试验通常在给定的一个稳定剂掺量下进行,因为最佳含水率和最大干密度随掺量的变化不显著。

在确定最佳含水率时,掺加了不同黏结稳定剂用量的试件,可用来确定含水率与现场使用的接近情况。然后加入化学稳定剂并初步拌和再生材料。加入水到最佳含水率后彻底拌和。但黏结稳定剂是以稀浆形式加入时,配合比设计过程中必须考虑稀浆的含水率,否则所得的再生混合料太湿而不能充分压实。

试样在拌和或养生 0.5~2h 后再压实,这取决于稳定剂,模拟现场最后拌和与初始压实时间。在室内养护时,需要覆盖试样以防止水分的损失。

室内养护结束后,用含水率—密度试验方法击实试样。击实完成后,脱模试件,最后养生一定时间。波特兰水泥/CKD 试件通常需要在相对湿度为 95%~100% 且温度为 22~25℃(72~77℉)条件下养生 7d。C 型粉煤灰试件需要在密闭容器中,在 38℃(100℉)恒温下下养生 7d。对于一些黏结稳定剂和再生材料,必须将试件在模具中静置 12~24h 以便有足够的强度脱模。可拆卸模具脱模更加便利。

试样的含水率和干密度可根据含水率—干密度试验结果确定。每个试件的最大干密度可通过压实后试样的湿重和含水率确定。

配合比设计的下一部分是评价再生混合料的强度性能。对于使用波特兰水泥/CKD 或 C 型粉煤灰稳定的混合料,通常通过无侧限抗压强度和 ASTM D1663 来确定。强度值通常规定在一个范围中,包括最大值和最小值,以预防脆性断裂和过度的干缩开裂。通常规定无侧限抗压强度的最小值在 1 400~2 100kPa(200~300psi),最大值在 3 100~5 500kPa(450~800psi)。

根据环境条件和最终使用情况,一些配合比设计还包括对再生材料耐久性的评价。分别根据 AASHTO T135(ASTM D559)或 AASHTO T136(ASTM D5601)的干湿或冻融试验对波特兰水泥稳定的混合料进行试验。具体选择干湿试验还是冻融试验取决于气候条件。对于 C 型粉煤灰稳定的混合料根据 ASTM C593 进行冻融试验。试验后的最大质量损失用来评价耐久性。

所需的化学稳定剂用量要符合或超过设计需求。黏结稳定剂用量需要足以提高再生材料的耐久性/水敏性,但不能太高,以免引起过度的干缩开裂。

配合比设计的结果用来确定再生材料的最低性能和确定整体路面结构。

2）石灰/石灰窑渣稳定剂

对于使用石灰/石灰窑渣的 FDR 配合比设计,通常按照石灰产业协会提出的步骤进行。石灰/石灰窑渣推荐用于塑性指数大于 20 的再生材料。如上述 15.2.2 节所述,确定再生材料的物理性能。初拌石灰/石灰窑渣用量通常由 ASTM D6276(Eades-Grim)过程确定,该过程是确定当 pH 达 12.4 时的最低石灰/石灰窑渣用量。然后,在该石灰/石灰窑渣掺量下通过 AASHTO T99(ASTM D698)和常用的其他含水率—密度方法确定最大干密度和最佳含水率。土壤与石灰/石灰窑渣拌和好以后,在压实前,石灰/石灰窑渣、再生材料与水的混合物需要在密闭容器中熟化,对于熟石灰需要 1~24h,对于生石灰需要 20~24h。

对三个石灰/石灰窑渣掺量进行拌和,每个含量至少两个试样,分别是最小掺量,比最小掺量大 1%和比最小掺量大 2%。这些试样熟化后根据 AASHTO T220(ASTM D5102,过程 B)在最佳含水率下进行压实。当石灰/石灰窑渣以浆体的形式加入时,配合比设计过程中必须考虑其中的含水率,否则所得的再生混合料太湿而不能充分压实。

压实后,试样被包裹密封在密闭的容器中,在 40℃(104℉)条件下放置 7d。在强度测试前,试样需要进行 24~48h 的毛细渗透。通常规定冻融循环时要延长毛细渗透达 8d。在循环结束后,如果需要,根据 AASHTO T220(ASTM D5102)对养生和含水条件下的试样进行无侧限抗压强度测试。满足或超过规定的无侧限抗压强度值的最小石灰/石灰窑渣用量被选作设计掺量。

还可以进行更多的强度测试,包括加州承载比(CBR),AASHTO T193(ASTM D1883);R 值,AASHTO T190(ASTM D2884);回弹模量,AASHTO T307 或其他相似的试验。依据这些试验结果,设计过程中还可以包括添加最少的石灰/石灰窑渣使再生材料达碎石基层的最高等级,或是使塑性指数降低到可接受的等级。

考虑施工的变异性,现场石灰/石灰窑渣含量通常增加 0.5%~1%。

15.2.6 沥青稳定配合比设计

沥青稳定可使用乳化沥青或泡沫沥青。无论使用哪种沥青类稳定剂,配合比设计步骤大致相同。

1）沥青稳定剂的选择

无论是乳化沥青还是泡沫沥青,配合比设计的第一部分都是确定再生材料用作沥青稳定基层的适用性。如前述 15.2.2 节所述,再生材料的物理性能被用来评价是否需要添加粒料和选择可能的沥青稳定剂。对于泡沫沥青,通过 200 号筛(0.075mm)的细料应有 5%~20%。

筛分结果可确定再生材料中的矿粉含量是否合适,但是如果矿粉的塑性指数较高,他们将黏结在一起。这些高塑性的再生材料通常现场性能较差。矿粉的黏结性会阻止泡沫沥青充分包裹和稳定混合料。当塑性指数大于 6 且砂当量小于 30 时不推荐使用乳化沥青,当材料的塑性指数大于 10 时不推荐使用泡沫沥青,除非使用添加剂来改进材料。

2）确定最佳的发泡特性

当泡沫沥青用作稳定剂时,需要确定沥青的发泡特性。目标是通过确定给定沥青温度下用水量,使泡沫沥青膨胀比和半衰期最大,从而获得最佳的沥青发泡特性。膨胀比定义为泡沫状态下所取得的最大体积与泡沫完全衰退时沥青体积之比。半衰期是泡沫沥青衰退到最大体积一半时所需的时间,以秒计。

沥青的发泡特性受许多因素影响,其中最重要的有:

(1)沥青的温度。沥青的温度越高,发泡特性越好,一般沥青温度要高于 160℃(320℉)。

(2)热沥青中水的添加量。一般膨胀比随用水量的增加而逐渐增大,但半衰期相应减少,水的添加量通常是沥青质量的 2%±1%。

(3)热沥青注入膨胀室的压力。低于 3bars(45psi)的压力将降低膨胀比和半衰期。

（4）沥青中沥青质的比例。通常沥青质越多，发泡效果越差。

（5）沥青中消泡剂的存在。如硅类化合物将阻碍发泡。

理想的泡沫沥青有最佳膨胀比和半衰期。通常，沥青的发泡特性越好，所得混合料的质量越好。由于获得高的膨胀比必须以半衰期减少为代价，反之亦然，因此调节发泡特性没有绝对的范围。通常，具有非常高的膨胀比或非常长的半衰期的混合料，其质量相较膨胀比和半衰期较佳的混合料要差。当气泡性能很差时，即膨胀比小于 8 和半衰期小于 6s，通常很难得到合格的混合料。如果发泡特性低于这些最小值，可能需要考虑采用其他沥青或起泡剂。

沥青等级的选择主要与沥青稳定混合料的工作温度有关。硬沥青适用于高温地区，软沥青通常发泡特性较好，但应对混合料进行强度测试。

为使发泡特性最佳，需测定至少三个沥青温度和沥青质量在 1% ~ 5% 的含水率情况下的膨胀比和半衰期。这就需要使用小型室内沥青发泡设备（图 15-2）来制作泡沫沥青。这种设备的关键是要模拟施工时泡沫沥青的发泡情况。三种沥青温度下的膨胀比和半衰期与含水率关系曲线绘制在标准方格纸上（图 15-3）。从这张图上，选取最长半衰期、最大膨胀比对应的沥青温度与含水率组合。

图 15-2　室内沥青发泡设备

3）确定乳化沥青相容性

必须检验乳化沥青与再生材料的相容性，可通过拌和与评价裹覆效果来评价。如果通过调整水和乳化沥青含量仍有较大比例的再生材料不能被裹覆，则存在不相容性，需要使用不同的乳化沥青或稳定剂。

4）拌和、压实与养生

如果选定了乳化沥青或确定了发泡特定，需要通过改进普式法，AASHTO T180（ASTM D1557）来确定最佳含水量。

配合比设计的下一步是通过在一定范围内的沥青用量下拌和试样来确定最佳沥青用量。一个好的搅拌机应该模拟室内成型方法。沥青、水与不同的添加剂加入到再生材料中，在室温下拌和。水最先被

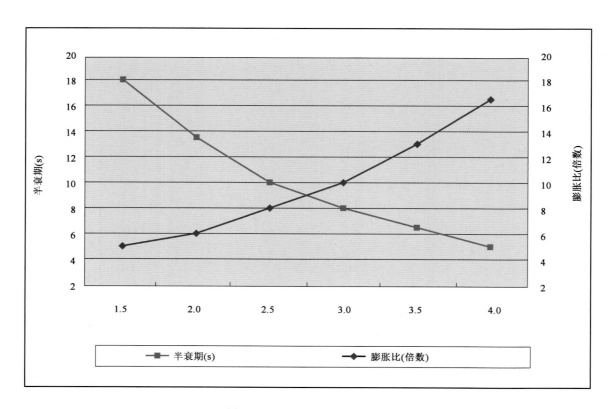

图 15-3　338℉(170℃)下发泡特性

加入到再生试样中,乳化沥青试样中的水应达到 50% ～75% 的最佳含水率,泡沫沥青试样中的水应达到 90% 的最佳含水率。通常水与乳化沥青总计会略高于最佳含水率,同时如果裹覆均匀的话,水的添加量可低于乳化沥青含量。

　　试样在充分拌和后,可采用旋转压实(SGC)或马歇尔击实方法以及其他改进的冷拌方法压实。室内压实下所形成的试件密度应与现场混合料的相似。通常 SGC 为 30 回转,马歇尔的压实功为 75 次每面。SGC 试验可参照 AASHTO T312(ASTM D7229),马歇尔的流程可参照 AASHTO T245(ASTM D6926)。对于 FDR 试样,这些标准也许需要改进。在压实后,试件脱模并在 104℉(40℃)的强制通风烘箱中养护 72h。

　　在烘箱中养护后,试样需要放置一夜使之恢复至室温,然后根据 AASHTO T166(ASTM D2726)确定其毛体积密度。如果吸水率超标,毛体积密度需要根据 AASHTO T.331(ASTM D6752)确定。乳化沥青稳定试样的最大相对密度,如果需要,可由养生后松散试样确定,且可用来确定空隙率和饱和度。如果材料没有被 100% 的裹覆,则需要根据 AASHTO T209(ASTM D2041)来确定最大相对密度。

　　5)强度与水敏感性

　　配合比设计的最后一部分是评价稳定后混合料的强度和水敏感性。这可根据 AASHTO T283(ASTM D4867)通过间接拉伸强度和冻融劈裂强度比值来确定。通常也根据 AASHTO T245(ASTM D6927)进行马歇尔稳定度和残留稳定度评价。由于试件的大小,推荐使用 6ft 的马歇尔模具和测试压头。在 25℃(77℉)下测试干燥的试件。为了评价稳定混合料的水敏性,干燥试件的对比试件在测试前需要浸泡在水中。传统方法是在测试前在 25℃(77℉)水中将试件浸泡 24h,也可使用浸泡时间更短的真空饱和法。浸水结束后,擦干试件表面并使用与干燥试件相同的测试方法测试其强度。通过对比浸水前后的强度确定沥青稳定再生混合料的水敏感性。马歇尔稳定度通常在 40℃(104℉)下进行。

　　将试验结果绘制在标准方格纸上,以强度为纵坐标,沥青用量为横坐标。浸水强度最大时的沥青用量定义为设计沥青用量,此时的水敏感性最小。有需要的地方,可在设计沥青用量下进行养护的稳定再生混合料的其他试验,如回弹模量(AASHTO T307)、动态模量(AASHTO TP79)和低温开裂(AASHTO T322)等。这些试验的结果可用于确定所需沥青稳定基层的厚度和整个道路结构。

15.3　现场调整

根据实际需要应进行现场调整。对有经验的 FDR 施工现场人员,应对混合料中的含水率和稳定剂用量进行调整,使 FDR 最终混合料性能最优。含水率微调范围在 1% ~2%,再生剂微调 0.5% 或更多,使性能达到最优。

第 16 章　全深式再生施工

过去，人们用自动压路机或履带式牵引机翻动现有沥青面层，对铺就道路进行全厚再生。过程中产生的大块沥青路面旧料，随后用锥式破碎机等设备将其破碎分解。

20 世纪 50 年代，随着筒式拌和机的发展，增大了预先翻松沥青路面旧料的尺寸并提高了生产率。近年来，该拌和设备提高了尺寸稳定性，但由于转筒式拌和机不能有效破碎沥青路面旧料，通常沥青路面必须预先翻松。

FDR中，所有沥青铺面都被破碎并与部分或全部结构层材料混合。

铣刨机的发展与广泛应用及其容易剥离和筛分沥青铺面料的特点，促进了大型自推动大功率复拌机的产生。现代化 FDR 复拌机如图 16-1 所示。这种复拌机装有特别设计的滚筒，滚筒装有可替换的碳化钨齿刀具，这使得复拌机能够无须预先翻松铺面，就可直接破碎并拌和铺面旧料。这一改进显著提高了生产率并促进了筛分和拌和路面旧料，从而形成了如今的 FDR 技术。

图 16-1　现代化 FDR 复拌机

FDR 中，所有沥青路面都被破碎并与部分或全部结构层材料（碎石基层、底基层和路基材料）混合。与破碎沥青铺面旧料拌和的基层材料数量取决于：

（1）相对于结构层（碎石基层、底基层和路基材料）沥青面层厚度较薄。

（2）破碎沥青面层的级配/物理性能。

（3）结构层材料的级配/物理性能。

（4）是否使用稳定剂。

（5）使用的稳定剂种类。

（6）FDR 工艺的预期结构性能。

（7）路基稳定性。

在任何情况下，破碎沥青面层时需加入一定量的基层材料，以防止：

（1）刀具的过度磨损。

（2）生产率的显著降低。

（3）成本的相应增加。

破碎时，滚筒以"向上切"或与复拌机行进方向相反的方向旋转，如图16-2所示。"向上切"旋转是为了使刀具在通过基层潮湿材料时冷却，从而提高破碎率，并有助于筛分再生材料。基层材料应掺入至少25mm（1in）厚，通常要求足够冷却。

图 16-2　滚筒"向上切"方向运作示意图

在 FDR 前，须进行以下施工准备，即：

（1）安全或风险评价。

（2）制订交通控制计划。

（3）维修排水不畅区域。

（4）维修所有路基失效区域，通常采用深度化学稳定。

（5）项目分析，如第 14 章所述。

（6）配合比设计准备，如第 15 章所述。

（7）制订质量控制计划。

（8）识别及钻孔勘测地下设备。

FDR 所用设备根据承包商不同而不同，但无论 FDR 车组组成如何，一般步骤均包括：

（1）破碎和筛分现有沥青面层。

（2）掺入和混合结构层材料。

（3）若需要，使用校正集料。

(4)若需要,使用机械稳定、化学稳定、沥青稳定或添加活性剂。

(5)拌和再生材料。

(6)初步压实。

(7)粗平或初步整形。

(8)中期压实。

(9)中期整形。

(10)最终压实。

(11)最后修整或刮平。

(12)去除所有松散材料。

(13)养生。

(14)若需要,微裂。

(15)铺装磨耗层。

16.1 准备与计划

为提高再生混合料的均匀性,首先应进行前期准备和计划。再生混合料的不连续性和其他铺装类似,应尽可能避免潜在薄弱区域。前期准备有利于提高设备利用率和生产效率。

16.1.1 项目初步准备

如第14章所述,进行详细的项目分析,确定FDR项目前期准备。然而,施工前必要的实地核查,能减少不可预见风险。

首先必须在FRD前,探测清楚地下设施、废弃铁路或有轨电车线缆、沙井、阀门及其他铸件位置。这些装置通常在图纸中有标注,但是其实际位置与规划图位置可能不一致。因此,应通过使用地下定位(需向其提供现有孤立勘测井)、磁场/金属探测器或探地雷达(GDR)等方式,进一步核查这些设施。如果地下公用设施被复拌机破坏,特别是如果该设施是高压输气管线,会导致严重的安全隐患/事故。此外,如果在破碎或复拌机的混合传输过程中撞到地下障碍物,会对刀具、刀具支架、滚筒,甚至驱动装置造成损害;相应的停工时间,会造成严重的公众干扰,增加维修成本。

处治深度内废弃的地下设施或障碍物应在FDR前移除。设施应仔细标记(图16-3),将其挖开并避开FDR设备,或可以根据项目具体情况降低高程或迁移。检修井、阀门及其他铸件应较FDR处治深度降低至少100mm(4in),并记录其准确位置。检修井应用钢板覆盖并回填。FDR应不间断施工,以保证处治深度和材料的一致性。当完成FDR后,在摊铺磨耗层之前或之后将其复位。其他地下设施的迁移、重建或埋在FDR处治厚度以下,取决于具体工程的规定。

在城市实施FDR时(图16-4),有时需在破碎前铣刨部分现有路面,以保持现有路表高程,省去调整路缘、排水和其他设施的费用。应检查现有道路,尤其是路缘线,以确保铣刨的沥青层不影响路面的整体强度。铣刨区域在配合比设计时应考虑减少沥青用量,尤其是使用稳定剂时。

如果道路纵向和横向变形严重,应在开始FDR前纠正。这是为确保再生混合料的厚度经平地机最终整形后,横、纵向均匀一致。纠正包括调整横坡,超高,消除局部拥包和凹陷、隆起或沉降坡度线。整形旨在确立道路的最终形状,从而保证再生区域的几何形状。

16.1.2 项目计划

道路几何线形,尤其是宽度,会影响道路全宽所需复拌行程。另外,现有路面形状(路拱或横坡),会影响相邻行程间纵向接缝的位置。对于有显著路拱的道路,纵向接缝会造成路拱轻微偏位。如果要减缓路拱,分步路拌能将路拱恢复至最终坡度。在设置复拌机行程位置时,必须将加速或减速车道、转弯车道以及超车道的变截面考虑在内。当在搭接区域使用稳定剂时,第二幅的稳定剂和水的用量须减

图 16-3　在 FDR 前，钻孔勘查以核实地下设施的深度

图 16-4　城区的 FDR 施工

少,尽量避免过量。通常,这些区域应首先处理,在处理主道路时搭接处理。

施工期交通组织(包括交通量、车辆载重和施工交通组织),会影响施工组织方式。影响因素包括工作时间和临近产业的交通要求。然而,相比于重建,FDR 由于具有高生产率,在低等级道路上对交通干扰不大。施工期最好能使所有车辆绕道行驶,这样全幅可一次性处理。如果必须保通,可以半幅施工,另一半幅通行,并设置警告标志、车道分界、旗帜以及先导措施。

作为项目规划的一部分,应评价路况对生产率的影响。沥青层均匀性,包括厚度、刚度、裂缝类型和破损程度,会显著影响复拌机的生产效率。底层材料的湿度也会影响生产效率,尤其是风干或需要增加湿度时。现有材料的变异性也将影响稳定剂的用量、压实度和再生混合料的性能。

稳定剂决定道路通车所需养护的时间,也会影响摊铺磨耗层的时间。再生道路何时开放通车取决于所用稳定剂类型和业主对再生混合料或磨耗层的规定。

化学稳定剂需要一段时间的湿养护,使其不被风干而产生收缩裂缝。湿养护包括定期洒水,或铺设化学/沥青封层。如果依次进行合适的摊铺、压实和养护,再生混合料路面允许轻交通量通车。

在养护期,无论使用何种稳定剂,都应禁止或至少限制重载货运车辆,尤其是限制速度,这是由于再生混合料强度仍在增长。早期承受过度重载货运交通可能引起沉陷或疲劳开裂,从而导致再生混合料过早失效。

工程计划和所用设备会影响生产效率。生产效率受复拌机速度、坡度修正/整形以及压实能力的影响。为使施工效率最大化,工程通常分段施工。理论上,各工程分段应是一个工作日能处理的全幅长度。若需要,每段也可以是一个工作日处理的半幅路长,但这并不太可取。这是因为由于路面纹理和处理另一半幅道路时纵向接缝接合的差异,处理半幅道路可能产生隔夜交通的问题。

影响复拌机工作速度的因素有:
(1)沥青面层的厚度和刚度。
(2)掺入再生材料中结构层材料的厚度。
(3)结构层材料的最大粒径、级配和密度。
(4)再生材料的级配要求。
(5)复拌机的生产能力。
(6)路基的稳定性。

分段施工时,一天能处理的总长以 400～500m(1 200～1 500ft)为宜。对于同一路段,复拌机的第一个破碎行程是沿着道路的外沿;第二个破碎行程则是沿着相反道路外沿返回起点;第三个和随后的破碎行程是在前两个行程内侧直到破碎整个路宽。如果不需要规定复拌机的行程,则当其行驶至下一段时开始第一破碎行程。一旦复拌机开始在下一段工作,压路机就开始碾压整形第一段的再生材料。如此,复拌机会一段接一段工作,直至每日分段完成。

如果再生材料中加入稳定剂,通常复拌机需要至少一个行程。可以在破碎时添加稳定剂;然而,有的工程可能要求在复拌机第二行程添加稳定剂以维持一致的工作速度,得到更均匀的使用效果。对于较大的工程,使用不止一台复拌机,能显著提高整体生产率:一台用于破碎,一台用于添加和拌和。

为保证再生混合料的均匀性和生产效率,稳定剂、集料和水等材料应不间断供应,并提前确定这些材料的日需求量。对于大型工程或供应线长的工程,应在工程附近采取临时储存措施,以保证供应。

16.2 FDR 设备

FDR 工艺对设备的基本要求是:
(1)高功率自行式复拌机。
(2)平地机。
(3)洒水车。
(4)一台或多台压路机(轮胎式,双钢轮振动压路机)。

对于更复杂的 FDR 工程,如使用稳定剂,可能额外需要以下部分或全部施工设备:

(1)尾部或底部可倾卸的货车。

(2)料堆断面整理机或定量集料撒布机。

(3)干稳定剂和添加剂的定量撒布机。

(4)添加稀浆稳定剂的搅拌机和罐车。

(5)乳化沥青或热沥青罐车。

(6)复拌机上的乳化沥青或泡沫沥青电子称重系统。

16.2.1 复拌机

复拌机是 FDR 的重要设备,种类繁多,可用于破碎和拌和再生材料。大多数复拌机的滚轮宽 2.4m(8ft),小型机宽 1.8m(6ft),而有的可加宽到 3.7m(12ft)。

复拌机一次行程应能破碎和拌和至少 300mm(12ft)的沥青面层和结构层。滚轮应装有可替换的碳化钨齿刀,并能人工和自动控制破碎深度。滚轮应能以多个不同转速来破碎和拌和不同类型和厚度的材料。刀具的排列形状通常是齿状,与用于移动材料到滚轮中心的冷刨机上的螺旋形状相反。V 形刀具使再生材料的横向移动最小,使其容易撞击到拌和室后门底边,如图 16-5 所示。

图 16-5 复拌机的再生材料出料后门

复拌机的破碎系统应具有载重感应装置以控制前进速度。有些复拌机装有四轮驱动和四轮转向,以提高牵引力和可操作性,而其他复拌机有两方向操作能力,即滚筒能向上方破碎,且能向上或向下拌和。

16.2.2 附加设备

当稳定剂以干粉形式添加时,需要使用定量撒布机撒料,如图 16-6 所示。当稳定剂是液体或以稀浆形式添加时,则需要使用供料罐车。如果稳定剂液体由复拌机添加,则需要"保姆"供水车或罐车与复拌机连接,如图 16-7 所示。如果稳定剂以液体或稀浆形式由复拌机添加,则需要电子车载添加系统。

车载添加系统应能记录添加到再生材料的每种液体的流速和总量,使得液体稳定剂的添加量能随复拌机运行速度变化而变化。

图 16-6　以干粉形式添加稳定剂

图 16-7　向复拌机供水的"保姆"供水车

当使用泡沫沥青做稳定剂时,复拌机需装有电子车载泡沫发生系统,也需要有热沥青稳压罐,用于起泡的储水罐和一些用于生产和添加泡沫沥青的装置。该系统应能根据复拌机行进速度和生产量来调整泡沫沥青的添加量。

16.2.3 平地机

平地机用于在复拌机完成所有拌和工艺后,摊铺和整形再生混合料,如图 16-8 所示。如果再生料的含水率超过最佳含水率,平地机能帮助风干材料。当再生混合料太厚以至于不能充分压实时,平地机可将部分材料推到另一侧,以便碾压薄层混合料。

图 16-8　摊铺和整形再生混合料的平地机

16.2.4 水车

水车可向再生料补充水分。水车应装有泵送和计量系统。水车可作为复拌机的车载液体添加系统的供应车,如图 16-9 所示;或者装有喷射杆的水车可直接向再生料补充水分。养生时可能还需要水车定期喷雾保湿,尤其是使用了水泥稳定剂时。

16.2.5 运料车

运料车用于提供所需集料,也用于在最后封层和压实后移除多余混合料。

16.2.6 压路机

FDR 所用压路机的数量和类型取决于:
(1)要求达到的压实度。
(2)再生混合料的材料性能。
(3)再生混合料的厚度。
(4)结构层的承载力。
(5)磨耗层类型。

图16-9 通过复拌机的车载液体添加系统向再生混合料加水

（6）要求的生产效率。

受再生混合料厚度和材料性能要求，通常需要配置又大又重的滚筒。分段压路机、振动压路机、轮胎式压路机、单式或双钢轮压路机可用于压实。移除多余的材料会用到滑动转向和轮胎式装载机。用不同类型压路机进行 FDR 混合料压实，如图 16-10 ~ 图 16-13 所示。

图16-10 FDR 轮胎式压路机

图 16-11　美国联邦公路管理局(FHWA)现场再生工程中使用振动压路机进行压实

图 16-12　分段式压路机进行 FDR 压实

图 16-13　用单轮振动压路机进行 FDR 压实

16.3　破碎

　　沥青路面第一个破碎行程最合适的方式是,复拌机从垂直于行程方向的路肩横切开始。切削滚筒深入较软的路肩,以减少刀具的磨损,并提供路面垂直对接,来开始压实切入。

　　如不能实现上述操作,可以使复拌机沿着第一分段的一侧边缘排列并缓慢破碎穿过沥青面层进入结构层材料。这种方法可能加速刀具磨损,如果沥青面层很硬,还可能会引起滚筒反跳。如果复拌机能够非常缓慢地前进并同时切割沥青面层,则滚筒反跳将会减小。

　　为了使复拌机纵向对齐以及防止相邻行程间留下未破碎材料部分,应为操作员提供指导。通常需要在现有路面绘制指向标志或使用可跟踪的线。对于有经验的操作员,仅需标记第一行程,因为随后行程跟随前一行程。

　　道路和复拌机通常无法恰好匹配,因此需要多个行程来破碎道路全宽。这造成一系列纵向接缝,行程间也需要搭接。因此,只有第一行程是复拌机的全宽,而随后行程会由于搭接量而减小,纵向接缝间的最小搭接宽度应为 150mm(6in),而横缝间的搭接宽度则为 100mm(2ft)。图 16-14 为复拌机进行第一个破碎行程。

　　切削厚度可以手动或通过复拌机车载传感系统自动控制。对于大多数复拌机,可以在滚筒任一侧控制切削厚度。

　　由于复拌机破碎/拌和室后门的开启或材料的破碎,再生材料将会膨胀或变松,厚度比原始路面高。当复拌机后轮行驶在松软材料上,滚筒会抬高,因此应校验处治厚度。此外,如果复拌机随后对破碎材料进行拌和,拌和厚度将受膨胀量影响。

　　为了充分冷却复拌机拌和转子或切削滚筒,通常需要掺入至少 25mm(1in)厚度的结构层材料。如

图16-14　FDR第一个破碎行程

果由于结构层材料不良导致切削厚度低于沥青层底,应检查刀具。因为如果刀具不能被结构层材料充分冷却,将加速刀具磨损。

为了减少出现未再生的薄夹层风险,破碎厚度应比最后拌和行程厚度小25～50mm(1～2in)。此外,当添加稳定剂时,应进行轻压和整形。轻压实为复拌机、水车和稳定剂罐车/撒布机等提供工作平台,并为作业速度的提高提供条件。重新整形使得处治厚度和稳定剂添加更加准确。

再生材料的级配符合配合比要求。然而,沥青面层破碎后满足原路面材料的最大粒径要求没必要、也不经济。当现有路面显著开裂,尤其是龟裂,再生材料筛分会很困难。滚筒上切易掀起沥青块,而不是将其破碎。这些大块更难筛分。

再生材料的级配很大程度上由复拌机控制。然而,复拌机不是破碎机,不装筛料器;因此,要求95%以上的处理材料通过50mm(2in)筛孔是不实际的,偶尔有超大回收料块是可以接受的。人工拾取超大块并将其放置于复拌机前破碎,比进行额外的破碎更经济有效。第二(拌和)行程如图16-15所示。

(1)破碎/拌和室前门和(或)后门的开启。

(2)破碎/拌和室破碎控制杆的设置。

(3)滚筒旋转速度。

(4)复拌机前进速度。

(5)现有路面状况,考虑温度、厚度、开裂和刚度。

(6)结构层材料的状况。

降低速度,增加滚筒转速和关闭后门会增加破碎/拌和频率,加速材料破碎至理想粒径。

较低的滚筒旋转速度具有更大的转矩,通常用于破碎厚沥青层或拌和密实粒状结构层。较高的转速用于处理较薄的路面。

图 16-15　FDR 第二(拌和)行程

后门关闭次数越多,破碎材料在破碎/拌和室内留置时间越长,这会增加材料与刀具及控制杆的接触。控制杆与滚筒距离越近,再生材料的级配越细。后门和控制杆都能使沥青面层大块分解,但不能使再生材料的最大粒径减小到比现有集料最大粒径更小。由于孔隙率增大,现有材料破碎后更松,后门不能完全关闭。

通常,复拌机前进速度越慢,再生材料的级配越细。前进速度慢意味着刀具撞击现有材料二次数增多,会使之破碎成更小块。

沥青面层的物理性能受环境温度影响。如果路面温度低,沥青面层是硬而脆的,很容易破碎成小块。如果沥青面层温度升高,塑性增加,当沥青面层在滚筒前掀起或折断,就会形成结块。通常,筛分再生混合料的有效温度是 10～30℃(50～90℉)。

提高滚筒、减小刀具切入角至更接近水平铣刨,会减小掀起大块沥青块的概率。然而,必然要求进行二次拌和以确保达到全部处治厚度。

当复拌机在横坡或较高处运行时,再生材料易向坡下移动。横坡越大处治厚度越薄,下滑越明显。通常,在复拌机处理相邻行程前会用平地机刮起再生材料返回原地,以维持道路坡度。

16.4　拌和与摊铺

在拌和前,应对再生材料进行轻压实和重新整形。这是为了更准确地控制拌和厚度,由于在破碎期间,复拌机后轮能压实再生混合料。轻压实和重整形后,再生材料厚度均匀,能更好地控制处治厚度。

复拌机滚筒上的刀具通常安装成 V 形,有利于再生材料的混合和尽量减小横向移动。再生材料从破碎/拌和室后门排出,摊铺到行程宽度,并由后门底边刮平。再生材料的初始摊铺形状由复拌机后门的设置决定。

再生材料通常并不是处于最佳含水率状态,所以有时需要通风干燥再生材料,但更多情况下需要补充水分,可在破碎中或破碎后用复拌机加水。无须风干的再生材料可在拌和后立即摊铺。需要风干的再生材料通常拌和后堆成料堆,以减少含水率。

平地机整修再生材料至合适的纵坡和横坡。有的再生材料级配粗,为减小离析,应小心监测平地机,尤其是沥青层较厚时。

所需平地机的数量由道路原始形状、道路设计规定的最终形状和磨耗层类型等决定。一般 FDR 面层上需铺设较厚的沥青面层,以调整坡度和平整度。

一些对面层容差要求严格的公路或机场工程,可能会要求在平地机上采用激光、声波或 GPS 导向控制系统,如图 16-16 所示。更准确的坡度控制,可能需要更精密的坡度微调仪器或配有自动横、纵坡度控制的冷刨机,并使用移动坐标点或固定坐标点。

图 16-16　装有电子/自动控制的平地机进行 FDR 混合料整形

在精确刮平和/或表面修正后,应移除多余的材料。多余材料可用于填充未再生道路的洼地,但不可填充压实后的薄层。压实后的薄层不能与结构层稳定材料结合,容易发生剥落。

16.5　添加校正集料

为增加处治深度,可能需要掺入校正集料来补充现有材料级配。校正集料包括碎石、RAP、混凝土碎石或其他业主批准的集料。校正集料级配由最终再生材料的预期效果决定。

校正集料可由集料撒布机或摊铺机均匀地铺设在路基上。常见做法是,用底部卸料车或尾部卸料车铺设,再用平地机摊铺均匀。校正集料可在破碎前或破碎后撒布,但必须在添加稳定剂之前完成。如果破碎后撒布,校正集料应以额外的全厚度拌和实现与再生材料混合,确保在使用稳定剂前形成均匀的混合物。

16.6　添加稳定剂

添加稳定剂以改善再生混合料的性能,有多种添加方式。稳定剂添加方式并没有严格的规定,因为每个工程都有自己独特的要求。如何添加稳定剂取决于:

(1)所用稳定剂类型。

(2)稳定剂形式,即干态、液态或稀浆。

(3)可用的设备。

(4)预期结果。

在破碎行程中使用复拌机车载添加系统加入稳定剂,省去了部分或全部的随后拌和过程,相应降低了成本。如果现有道路的路面状况、材料组成都较均匀,且未探测到地下管线/预埋件,则会比较顺利。然而,为了保持稳定剂均匀添加,以下三个要素应尽可能保持不变:

(1)复拌机运行速度。

(2)处治方量或厚度。

(3)稳定剂添加量。

如果这些变量中有一个或几个发生变化,需调整其他变量以使再生混合料保持均匀性和一致性。由于道路厚度和病害往往不一致,常需用不同的破碎和拌和方式。调整拌和方式的优点是能够结合厚度和组成的变化而调整,从而使稳定剂的使用更均匀。

干化学稳定剂可在破碎前或破碎后拌和前加入。然而,干化学稳定剂在破碎后拌和前撒布会更加均匀,如图 16-17 所示。干化学稳定剂对环境影响比较敏感,例如对风和雨,应小心使用,以免在铺设和混合干化学稳定剂的过程中产生过多的灰尘。

图 16-17　破碎工艺后加入干化学稳定剂拌和

化学稳定剂可以以干态或稀浆的形式加入。干化学稳定剂与水预拌成稀浆,稀浆含水率取以下两者中的低值:略低于再生材料 OMC,或 75% 的饱和度。然后稀浆通过复拌机车载添加系统控制注入破碎/拌和室。以稀浆形式使用干化学稳定剂消除了环境尤其是风和雨的影响,而且是更准确的使用方法。

沥青稳定剂通过复拌机车载添加系统注入破碎/拌和室。速率通过记录流量计和再生材料的液体总量控制。两者都与复拌机行进速度有关,这使得稳定剂添加量能够根据运行速度调整。图 16-18 为与复拌机车载系统相连的沥青罐车。

图 16-18　与复拌机车载系统相连的沥青罐车

16.7　添加活性剂

活性剂是用以提高再生混合料性能的主要补充。有时使用较低浓度的活性剂,通过减少固化时间来提高短期或长期性能。活性剂主要是干化学添加剂,如水泥/水泥窑渣,石灰/石灰窑渣或与沥青稳定剂混合加入的粉煤灰。

干化学活性剂可在破碎前或破碎后拌和前加入。然而,如果是干化学稳定剂,为了拌和更均匀,建议在破碎后拌和前添加。

16.8　压实

再生混合料的压实对长期性能有重要影响。压实不足的混合料:

(1)易在交通条件下压密导致车辙。

(2)不能达到早期强度,造成表面松散。

(3)不能达到最终强度,造成早期破坏。

因此,必须在施工时充分压实。通常,需要一台或多台压路机压实再生混合料。压实机的规格、数量和种类取决于材料性能、厚度和生产要求。

再生混合料的压实特性决定了是否使用光轮压路机、平碾和轮胎式压路机。再生混合料的压实厚度和设计压实度决定了钢轮压路机的重量和振幅/频率、轮胎式压路机的静态重量和胎压。再生混合料可能过度压实,尤其是在使用稳定剂时。可进行现现场试验来确定最佳振幅和频率组合或压路机组合碾压方式。

合适的含水率是达到充分压实的关键。由于初压、摊铺、整形和最终压实之间的延时,通常在最终压实前应在再生混合料表面喷洒少量水。

为了确保再生混合料性能,需均匀压实,不仅纵向和横向均匀,而且整个再生混合料厚度范围内也应均匀。复拌机后轮行驶在再生混合料上,会对行车轨迹上的材料部分压实,而其他位置未压实。初次刮平前,需对未压实材料区域轻压实至与行车轨迹位置材料同样的程度。如果不进行轻压实,压路机尤其是钢轮压路机,可能会行驶在初压实的轮迹上并跨过未压实区域,造成压实不均匀。

如果再生混合料在压实后出现车辙、拥包或开裂等病害,应立即停止压实,直到查明原因并改正。如果再生混合料含水率或含液量过多,应在压实前通风干燥。如果多余的水分没有排出,就不能达到压实度要求,无法形成与其他区域相同的强度,可能引起破坏。另一种处理方法是使用活性剂来减少再生混合料含水率,提高压实度。

通常,再生材料的不稳定不是由于过高的含水率,而是结构层路基问题引起的。如果复验压实或开挖证明路基有问题,应进行修补。修补方法取决于路基病害类型和严重程度。但无论如何修补,最重要的是确保该区域在修补后能够排水通畅。

乳化沥青稳定的再生混合料,其压实应在乳化沥青开始破乳或恰在其后完成,即再生混合料由棕色变黑色时。乳化沥青破乳前,再生混合料的水分足以在集料颗粒间充当润滑剂,无须额外施加荷载压实。乳化沥青破乳后,黏度显著增加,需要增加荷载以达到要求的压实度。

泡沫沥青稳定的再生混合料,如果处于最佳含水率左右,可在拌和后立即压实。如果混合料含水率处于或高于最佳含水率,则其仍可保持相当的和易性。压实应在混合料干化前完成。

水泥稳定混合料由于一旦有水就会发生水化反应,应在尽可能短的时间内压实。规范通常指明水泥稳定混合料的拌和、摊铺、压实和修整的总用时应小于规定时间周期,通常为 2h。规定时间周期通常是从稳定剂接触水分到压实完成的时间。如果处理的分段长度与所用设备相适合,使用现代复拌机不难满足这个时间限制。

石灰稳定混合料通常在压实前需要一定的熟化时间。对于生石灰,初次和最终拌和不能在同一天进行。生石灰混合料应在未压实状态熟化至少 12h,在此期间混合料的含水率会保持在压实最佳含水率之上;之后再次拌和并压实。熟石灰混合料应在未压实状态下熟化至少 4h,其间同样应保持含水率在最佳含水率之上。

按照再生混合料的性能和磨耗层类型不同,初次或首次碾压应用单轮或双轮振动压路机完成,重型轮胎式压路机复压,用双钢轮静压完成终压。

16.9　养生

已稳定的再生材料需合适的养生以达到初始强度,防止开放交通条件下松散,便于摊铺磨耗层。养生可分为 3 类:

(1)初期养生。
(2)中期养生。
(3)最终养生。

16.9.1　初期养生

初期养生相对短且允许稳定混合料获得足够的黏聚力而不易受表面干扰。在压实的最后阶段与初期养生的第一阶段,再生混合料表面可用少量水淋湿并用轮胎式压路机压实面层。初期养生期间,所有车辆禁止通行或严格限制进入。初期养生结束,可以开放轻型交通。初期养生时间主要取决于所用稳定剂用量和类型,而与环境状况几乎无关。泡沫沥青稳定混合料初期养生时间不到 30min,乳化沥青稳定混合料养生时间大约1h,而化学稳定剂稳定混合料养生时间通常在这两个值之间。

16.9.2　中期养生

中期养生时间更长,且主要取决于稳定剂的用量和类型以及环境状况。中期养生是混合料达到足够强度的,确保足够的含水率和使挥发物在铺设磨耗层前逸出是非常必要的。充足的中期养生对再生混合料、路面以及路面的长期性能有直接影响。中期养生时应限制重载货运通行。早期重载交通会导致再生材料的弯曲或疲劳开裂,造成结构性破坏。

中期养生时可能因开放交通造成路面松散。松散量取决于材料级配、面层紧密度、允许的交通类型和速度以及初期养生时间。有的再生材料需要洒布少量水稀释至60%的慢裂乳化沥青雾封层,以防止铺设磨耗层前临时交通期间的大量松散。如在封层完全养生前开放交通,应铺砂以防止乳化沥青脱落。

1)沥青稳定剂

对于沥青稳定剂,中期养生时间取决于:

(1)乳化沥青或泡沫沥青的用量。

(2)压实期间再生混合料的含水率。

(3)达到的压实度或再生混合料的空隙率。

(4)集料类型,包括级配和吸附性能。

(5)干化学稳定添加剂的用量、类型。

(6)环境状况。

中期养生时间少则几天,多则几个月。使用沥青稳定剂时,最终压实不久后即可开放轻型交通。然而,在刚压实完的沥青稳定路段养生完全结束前就开放交通,可能会导致材料的嵌挤或剥落。沥青稳定混合料的最大残余含水率减小,已成为中期养生结束的确认指标。然而,当用石灰或水泥作添加剂来加速初期养生和提高强度时,由于现场强度可能与含水率相关性不强,残余含水率无法作为合适的控制中期养生的指标。

2)化学稳定剂

对于生石灰或水泥稳定剂,中期养生使得水化作用和强度增加。为防止大量干缩开裂,尤其是水泥稳定剂,合适的中期养生也是关键。两种最常用的中期养生方法是湿养生和沥青封层。湿养生就是定期向再生混合料表面洒少量的水或喷水雾,如图16-19所示。在炎热和有风的状况下,由于表面迅速变干或大量干缩裂缝的急剧增加,湿养生存在困难。

用沥青封层进行中期养生,通常喷洒聚合物喷雾或乳化沥青覆盖再生混合料,以保持湿度,沥青洒布车喷洒速度通常为 $0.4 \sim 0.8 L/m^2$($0.1 \sim 0.2 gal/yd^2$)。乳化沥青通常用水稀释至60%来促进渗透。

使用水泥稳定剂,确定何时中期养生充分的标准取决于达到规定强度或固结时间,水泥稳定混合料的中期养生周期通常为 $2 \sim 7d$,这取决于交通和磨耗层类型。对于生石灰常见周期为 $3 \sim 5d$。

16.9.3　最终养生

最终养生是用于混合料达到最终强度的时间。最终养生在磨耗层铺设后进行,并取决于稳定剂的用量、类型以及环境状况。对于某些稳定剂,最终养生可长达几个月甚至几年。

16.9.4　微裂(选用,仅限水泥稳定)

微裂是一种防止收缩开裂的技术,而且能够减少磨耗层的反射裂缝。微裂在有些区域并不常用;然而,如果使用了水泥稳定剂,且磨耗层很薄,FDR 的抗压强度大,微裂能够帮助防止收缩开裂和反射裂缝。

图 16-19　水泥稳定 FDR 混合料的湿养生

微裂通常在 FDR 获得一定的初始强度或刚度以后进行，一般为养生后 24～48h 内。FDR 中通常用 12t(11 公吨)钢轮，以大约 3km/h(2mi/h)的速度、最大振幅和最低频率进行微裂，或直接由业主指挥操作。微裂操作应覆盖除了外缘 0.3m(1ft)范围的全部路面，在 FDR 内部制造微小裂纹。一次振动行程后，应测量 FDR 的刚度。为达到预期裂纹或模量，可能需要额外的钢轮碾压。每次振动压实后，应测量 FDR 的刚度；当 FDR 刚度相比初始刚度(微裂前)达到至少 40% 的减小量时，微裂作业结束。如果未测量刚度，应在达到预期裂纹时结束作业。通常需要 1～4 个行程才能达到所需刚度减小量。

微裂停止后，应继续中期养生，如果 FDR 预先进行了湿养生，应继续进行 2～4d 湿养生。或者，稳定面层可以湿养生 4h，之后再使用沥青或其他可用的薄膜进行封层。如果在微裂前，稳定再生路面有封层，应继续湿养生 2h，然后重新封层。

16.10　磨耗层

再生混合料充分养生后，可用多种材料铺面。磨耗层的类型主要取决于交通流预测、结构要求、当地气候状况、所用稳定剂类型和经济性。由于再生混合料能有效提高承载能力，尤其是使用稳定剂后就可以使用薄层沥青罩面或更经济的表面处治。

无论使用何种磨耗层，关键是能与再生混合料有效结合。在准备铺面时通常要用电动扫帚去除再生混合料表面的松散材料和乳化沥青的黏性涂层，以促进材料的结合。黏性涂层的使用率取决于再生混合料的表面状况。

对于表面处治，如碎石封层、微裂等再生混合料通常需用电动扫帚去除表面的松散材料和洒少量的水。可用乳化沥青黏层来促进材料结合，尤其是使用化学稳定剂时。图 16-20 为表面处治前的 FDR 表面。

图 16-20　表面处治前的 FDR 表面

第17章　全深式再生工程规范与检验

　　和所有的道路施工工艺一样,为确保FDR工程的施工质量和性能,有两个关键步骤:第一是建立合理公正的规范;第二是在施工期间进行检查以确保达到规范要求。

　　规范向承包商确立了他们在法律上应向业主履行的义务。因此,完善规范来保护业主以及为确保施工质量良好而使用规范并实践是非常重要的。

　　建立有效规范,为项目选用合适的规范类型以及合适的参索是非常重要的。选择合适的规范类型是确保完成的工程符合预期的关键。

　　何时使用某种规范(方法、验收和质量保证)并没有既定的标准。业主通常采用多种规范组合来设置材料和设备的使用范围,再设立该工程性能的最低标准。规范组合使承包商能够在最低标准以上选择材料、设备和施工方法,以达到预期结果。然而,这些限制存在增加承包商质量风险的可能。

> **方法式规范描述了为达到最终结果式规范描述的预期性能水平或最终结果而必须使用的施工设备和工艺。**

　　方法式规范要求业主全面详细地描述所有为达到工程质量而必须使用的设备和工艺。方法式规范要求连续施工监测,检查人员与承包商密切合作,以确保合规性。编写一套好的施工规范要求业主在拟建时准备各个阶段的规范。

　　最终结果式规范中,业主应告知承包商特定时间内应达到什么程度的最终性能或结果,以及最终结果或性能如何测量。承包商选择施工方法、现场拌和配方(JMF)、稳定剂以及施工工序,在规定性能范围内,业主通过试验,以检验是否达到了最低合同要求。工程质量特性的材料试验和现场试验通常是基于统计原理,因此,合理的施工质量特性变化是可以接受的。

　　起草和出台规范的主要困难是确定质量特性、它的最小值以及进行试验的时间间隔。规范的质量特性应直接或至少间接与性能相关。

　　质量保证(QA)规范基本为数学型规范,使用随机抽样或逐批次检验法试验。QA规范是实事求是的,因为它提供了实现施工或材料最优综合质量的有效手段。同时,它指出了方法和材料的多样性和业主及承包商承受风险的程度。QA规范通常含有奖惩制度,来鼓励承包商达到较高质量水平。

　　对于FDR工程,通常采用组合规范。业主一般指定所需的设备,也有可能指定部分施工工序。业主或承包商提供JMF并选择所需的添加剂。通常业主有权批准或修改承包商的JMF。试验要求一般为再生混合料的级配、稳定剂性能和用量、最终现场密度、平整度、横坡和必要的养生要求。然而,随着经验累计,规范将向最终结果式规范转变。

17.1　质量保证

　　质量保证(QA),2003年由交通运输研究委员会(TRB)、交通研究峰会(TRC)E-C173文件定义为"公路质量保证术语",是为了使某个工程在功能和寿命上令人满意的所有能提供信心的计划和系统的必要行动。不管使用何种规范,好的QA计划对于实现令人满意的FDR工程是至关重要的。在现场施工过程中,由于作业区的修补或封层等,FDR涉及的沥青路面在级配、沥青含量上可能有差异。好的QA计划不必因为固有变异性而过于复杂,但应有足够的上下限,以确定FDR工艺的可接受性和识别有不均匀性的区域。

　　作为验收程序的一部分,所有规范都包含材料样品和试验标准。这些要求应与施工方法相适应,并与工艺/质量控制和最终产品质量相关。FDR不是固定的程序,压实方法、含水率、稳定剂使用等的变化都会影响实现最佳性能。在FRD工艺中,一般100%再生现有沥青路面以及部分结构层材料。因此,现有路面和结构层材料的一致性或变异性对再生混合料的一致性的影响最大。FDR 承包商对现有材料的变异性无法控制,规范应如实反映这一事实。业主监理必须理解,在 FDR 施工中,配合比设计中对稳定剂的限制可能必须不时地调整以反映现有路面的不一致性,尤其是病害和养护状况变化明显的过长的工程。试验和验收程序应有效配合,以确定如果重新设计,上述过程是否有微调的需要。

17.2 工程规范与检验要求

为了及时更新 FDR 数据,ARRA 已经决定在 www.arra.org 公布规范指南模板。本章没有使用具体的规范案。本章将会介绍 FDR 规范通常纳入的项目。FDR 建议施工指南可见《ARRA 的 FDR100》,配合比设计指南可见《ARRA 的 FDR200》,质量控制案和试验可见《ARRA 的 FDR300》。工程选择和指南与所有 ARRA 技术的施工前评价可参见《ARRA 的 400》。无论是否为待实施的 FDR 编制规范,都鼓励业主联络当地从事 FDR 的 ARRA 承包商,以及登录 ARRA 网址查看公布的规范指南模板。

最终结果式或质量保证规范,都为承包商选择设备提出了较少的规范要求。承办商进行配合比设计,并选择集料级配、材料性能、稳定剂使用率和添加剂类型和使用率。业主规定需纳入的性能试验。对于最终结果式或质量保证规范,应在施工前处理的额外事项有:

（1）确认数量（长度、面积或数量）。

（2）试验频率。

（3）随机抽样方法。

（4）试样。

对于方法式规范,设备部分包括回收和压实过程的要求。业主选择配合比设计所需材料组成。

应规定稳定剂和添加剂的类型及用再生材料干重百分比表示的使用率。

有的业主有丰富的 FDR 经验,已经编制了他们自己的能适应当地材料和环境状况的规范。由于环境状况和材料对 FDR 性能有显著影响,某个业主的规范不可能完全适用于其他业主在其他地区的 FDR 项目。多数的 FDR 规范是组合规范,包含有对设备、材料、施工方法、质量控制以及验收试验,具体要求如下。

17.2.1 总则

总则通常为一到两段,介绍工程、FDR 工艺以及广义的施工方法,不一定需明确其与 FDR 现有规范以及承包商提交的各种文件的相关性。

总则还概述了规范中所用术语和名词定义。如果有 FDR 首次使用的或不是特别常用的术语,应有名词和术语部分。

17.2.2 施工前员工培训

为确保工艺质量,参与 FDR 施工的员工,无论来自承办商或业主,都要完成施工前员工培训并考核合格。培训应在承包商和业主都方便的地点举行。在临近 FDR 开始时举行,以便有时间及时解决在培训中提出的问题。员工可以提供证明,表明已经掌握 FDR 施工所用的材料技术、施工技术,包括质量控制和验收试验等,来代替培训。培训师应有丰富的有关 FDR 的施工方法、材料和试验方法的经验。承包商和业主应对讲师、课程内容和培训地点等达成共识。

17.2.3 处治厚度

处治厚度或面层厚度通常在设计或规范中规定。处治层厚度会影响再生混合料的长期性能。处治厚度的微小偏差是允许的,其取决于现有道路结构厚度的差异。处治厚度不能一味地高于或低于规定值。设计厚度的容差,一般为 12.5mm（±1/2in）。

深度测量应在复拌机每一侧移除再生混合料并检查破碎厚度和拌和厚度之后定期进行。破碎使得材料变松,且应计入随后拌和时确定的处治厚度。

17.2.4 材料要求

材料部分包括粒状材料、化学或沥青稳定剂、添加剂和水。粒状材料从级配和物理性能两方面规定。

化学或沥青稳定剂和添加剂由规定产品、等效产品、现有业主规范和其他公布的规范来说明,如美国试验与材料协会(ASTM)或美国国道和运输部协会的规范。

稳定剂和添加剂需要检查是否符合业主的要求以及配合比设计要求。该检查应以供应商提供的证书或每次加载的合规性来完成。合格证书应包括表明符合业主规范的试验结果。如果业主需要,应要求获取样品并进行额外试验。

除了合格证书,乳化沥青稳定剂的每次加载应检查温度和早期断裂或离析。每次加载的温度可以用手持红外数字温度计或类似装置进行检查。加热乳化沥青不能超过供应商建议温度,通常小于160℉(70℃)。断裂或离析可以用修改版的 AASHTO T59,第 12 节所用的 20 号筛(0.85mm)进行目视检查。

泡沫沥青稳定剂应检查是否符合配合比设计的最小膨胀率和半衰期。FDR 设备应在喷射杆或类似装置上装试验喷嘴,以便取样。典型试验频率为每运输一次沥青检一次。每次应检查沥青胶浆温度,以确保在发泡建议的温度范围内,但一般不超过190℃(375℉)。

水的规范要求一般规定 FDR 中用水应是干净的,不含有害的酸、盐、糖及其他化学或有机物质,如果不从饮用水取水,应对用水进行检查,以确保适用,尤其是使用稳定剂时。

17.2.5 配合比设计

如果业主不提供配合比设计,应由承包商提供,并经业主批准。配合比设计应考虑 FDR 材料代表性。当现场材料显著改变时,应进行额外的配合比设计。

现场材料的代表性样品应直接从项目地点获得,并送到 AASHTO 或业主批准的试验室,配合比设计的取样和试验应按第 15 章所述的通用程序进行。配合比设计确定稳定剂、水、添加剂以及集料用量。说明稳定剂、水、添加剂、集料添加量允许偏差,以不影响混合料性能,但同时应允许承包商进行调整,以便顺利铺设。

17.2.6 设备要求

FDR 设备应能够破碎现有沥青层和结构层材料,生产出同质均匀的再生材料。用于铺设 FDR 的设备应控制生产精度和坡度。

对于最终结果式或 QA 规范,设备选择应以较少的规范要求供承包商自行选择。对于组合规范,业主可以根据自身经验做出设备要求。方法式规范应包括从回收到压实全过程的要求,规范应包括以下要求。

1)撒布机

用于添加干粉稳定剂和添加剂的摊铺机或撒布机应能提供一致、准确和均匀分布的非加压机械叶片式、气旋式或螺旋式进给,同时在施工期间尽量减少灰尘。集料应由摊铺机摊铺或由尾部卸料车卸料,再由平地机摊铺至均匀厚度。

2)浆料添加剂储存与供应设备

浆料应由现场便携式配料设备生产并由内置程序直接送入再生设备。浆料储存和供应设备应装有搅拌机或类似装置,使得浆料在运输过程中保持悬浮液状态。应采用计量设备保证浆料添加速度在设计容差范围内,通常为 ±10% 。

3）拌和/再生设备

只有能够现场再生至指定深度的自推进式高功率旋转混合复拌机才可用于 FDR。切削滚筒应有所需的最小宽度，并装有能够调整土、集料和沥青材料的切削齿，并能准确地调整垂直度。该机器应有足够的强度和刚度，以免形成较大的中心偏离。复拌机应能通过控制杆和门开启控制再生混合料级配。圆盘犁、斗齿和其他不符合上述要求的设备不得用于 FDR。

混合/复拌机应装有在拌和过程中将液体引入切削滚筒的混合液（水或液体稳定剂）添加系统。配套的计量设备应能够自动调整液体流量，以补偿进入拌和室的再生材料质量的变化。校准仪表应能根据宽度、深度和处理材料的单位重量来准确测量添加液体的体积，以便根据工作速度自动调整。喷射系统应装有液体流速和再生材料总量控制的自动读数装置。

如果使用泡沫沥青稳定剂，该系统应装有能使沥青结合料保持在所需温度的自动添加系统。该系统应耦合两个未处理控制系统，分别配有两个独立的泵系统和喷射泵，以调剂泡沫沥青的使用，使其与水分离，从而提高压实含水率。喷射泵应装有自清洁喷嘴，并有足够的间距确保正确使用。泡沫沥青应在膨胀室内生成，热沥青、水和空气通过单个的小孔加压注入膨胀室以促进雾化。向热沥青加水的速率应通过相同的微处理器保持恒定百分比。在喷射杆的底部应装有检查试验喷嘴，以产生泡沫沥青的代表性样品。

4）摊铺机

摊铺机用于对再生材料进行预整形、摊铺和最终整形。摊铺机应能够进行纵坡和横坡控制。

5）压路机

再生混合料压实应全部采用自推进式压路机，且与刮平和喷水作业同时完成。为了获得整个 FDR 要求的压实度，压路机应采用规定的数量、重量和种类。振动压路机、轮胎式压路机、单或双钢轮压路机可用于压实。压路机可以任意组合以提供符合要求的压实度。

6）水车

水车用于向复拌机供水或向路面补充水，以及提供养护用水。水车应能够提供可控且一致的喷雾，以免对压实过的 FDR 表面造成损害。

7）养护、雾封层、砂封设备

对需养护或雾封层路面进行化学养护或/和沥青洒布的汽车，或将起到同样密封和洒布效果的封层化合物、沥青结合料或乳化剂能匀速洒布在道路全宽或单车道的设备。

若需要，配置铺砂机（自带自行式的筛料器），或能在一次完成车道全宽匀速铺砂的机械设备。

17.2.7　施工方法

再生材料的整个破碎、拌和、摊铺和压实过程，可使用稳定剂、水和添加剂来进行调整，以使再生混合料达到最佳性能。稳定剂用量的变化应且只能由有经验的人员进行谨慎调整。所有的调整都应记录并提交给业主。

所有规范的施工要求如下。

1）道路准备

所有 FDR 业务范围内的协调、检查和设施定位应在 FDR 施工开始前完成。多余的污迹、植被、积水、突起的道路标志和其他有影响的材料都应用清扫、刮平或用其他方式移除，所有受影响的设施在施工前应予查明并防护。

路基应足够稳固且能支撑 FDR 施工设备和压实，而不产生屈服或变形。FDR 施工期应加固软土路基。或者可以在 FDR 过程中通过调整稳定剂用量和处治厚度来处理软土地基。

2）气候限制

当面层、底基层、基层和路基处于冷冻状态，或当 FDR 铺设后 7d 内预报达到冰点温度，不能进行 FDR 施工。施工的最低环境温度取决于化学稳定剂，通常至少为 2℃（35 ℉），沥青稳定剂则至少为

7℃（45℉）。

3）试验段

为了方便业主评估和批准所用设备、施工方法和工艺，以及验证该施工方法满足规范要求，生产的第一天应铺筑试验段。试验段应有足够的长度来证明设备、材料和工艺，可以生产出符合规范要求的再生材料。检验水、稳定剂及其他添加剂的用量。确立最佳压实工艺，评估静态和振动压路机压实组合。压实度可用直接测定（AASHTO T310，ASTM D6938）、沙锤法（AASHTO T191，ASTM D1556）或其他业主批准的方法确立。如果试验段内的相对密度不能满足要求，应重做试验段获得最大密度。应采用试验段确定的压实工艺来保证 FDR 压实。

如果设备和工艺不能满足 FDR 要求，则 FDR 不应继续进行。只有试验段已经业主批准，才能继续进行 FDR。不符合规范要求的试验段需返工。如果试验段通过验收，相同的设备、材料和施工方法可用于 FDR 规模化作业。

允许承包商根据以往使用相同设备、员工和材料的经验，提供能满足规范要求的工艺证明，经业主批准后可不进行试验段铺筑。

4）破碎

包含沥青层和结构层材料（基层、底基层和路基）的全深度范围均应破碎成均匀且满足级配要求的混合料，该混合料通过表面洒水或复拌，达到理想的含水率。再生混合料的变异性或一致性主要受现有沥青铺面和结构层材料的变异性影响。再生材料的级配和粒径则一定程度上由复拌机来控制。然而，对于如何精细地破碎现有路面，受经济性制约。实际再生颗粒能百分之百通过的最大筛孔粒径一般为 75mm（3in），取决于业主的选择、现有材料的特性和再生混合料的预期性能。FDR 规范还应指出能通过下一个较小筛孔的通过率，以及 4 号筛（4.75mm）和 200 号筛（0.075mm）的通过率范围。200 号筛（0.075mm）的通过率会影响稳定剂的选择。如果再生混合料的级配调整不能由复拌机完成，则必须掺入校正集料。再生材料的级配应定期检查，以验证配合比设计中的级配假设以及确保现有沥青面层能够破碎到规定级配。最大粒径的检查应比再生材料、整体级配的检验更频繁。再生材料取样时，应特别谨慎，以确保只取到破碎/拌和材料。由于复拌机下切会将更多大粒径颗粒带到表面，因此取样也必须在全处治厚度进行，否则取样将不具有代表性。

连续破碎行程间的纵向接缝应搭接至少 6ft（150mm），而横向接缝应搭接至少 2ft（0.60m）。

当在破碎过程中遇到土工织物或其他土工合成物时，应进行适当调整，以使其掺入量不影响性能或压实。超大碎片应移除并按要求妥善处理。

在再生过程中，橡胶类裂缝填充料、路面标志、热塑标线或其他类似材料应从道路中移除。未能移除的残余材料，如能证明对再生材料性能无不利影响，可掺入。保留在混合料中的材料不得对 FDR 的外观和强度造成不利影响。

5）含水率控制

再生材料的含水率允许偏差根据所用稳定剂不同而不同。在拌和及压实时，混合料的含水率应在整个处治厚度保持在规定的范围内。对于机械稳定，含水率应控制在最佳含水率（OMC）的 ±2% 范围内，根据标准（AASHTO T99 或 ASTM D698）或修订的（AASHTO T180 或 ASTM D1557）规定，乳化沥青或泡沫沥青的含水率应在配合比设计建议的 2% 之内。水泥稳定剂的含水率应不高于 AASHTO T134（ASTM D558）规定的目标含水率的 2%，不低于 1%。对于生石灰稳定剂，应加水至含水率达到超过 ASSHTO T99 或 ASTM D698 规定的目标含水率的 4%，以确保化学反应充分。熟石灰混合料的含水率根据 AASHTO T99 或 ASTM D698 规定应保持在目标含水率之上。

为保证再生材料的目标含水率在适当范围内，应在破碎、拌和及压实期间，定期检查再生材料的含水率。

6）稳定剂和活性剂的使用

如果需要，应在添加校正集料、稳定剂或活性剂之前，移除并处理破碎后沥青和结构层材料上的多余材料。破碎后,用业主批准的摊铺机/撒布机或喷浆设备向再生材料摊铺稳定剂或活性剂,并进行必要的修整。如果无须修整,可在破碎前添加干稳定剂和活性剂。校正集料既可在破碎前也可在破碎后进行摊铺,但必须在添加稳定剂或添加剂之前进行。

当使用干稳定剂或活性剂时,为尽量减少扬尘,应采取防尘措施,有风天气应减少摊铺机和复拌机距离。稀浆稳定剂应在复拌前喷洒,或者通过复拌机直接加入拌和。如果在复拌前加入稀浆稳定剂,应现场配制稀浆,在喷洒稀浆前翻松再生料,以防止表面径流过多或积水。

生产过程中应向业主提交生产日志。无论何种情况,在当天施工结束时,都不能将干稳定剂、添加剂或稀浆稳定剂暴露在外。复拌操作完成前,除了再生设备,不得有其他车辆进入作业面。

方法式规范部分,应规定稳定剂和添加剂的来源,添加量占破碎材料干重(质量)百分比。初始的单位干重由配合比设计确定,但破碎材料的最终单位干重应在施工期间确定。允许偏差取决于所用稳定剂和添加剂的类型和使用状态。规范通常要求沥青稳定剂的使用率控制在配合比设计的 ±(0.5 ~ 1.0)%,而化学稳定剂则控制在 ±(5 ~ 10)%。例如,如果需要 4.0% 的乳化沥青稳定剂,基于 ±0.5% 的容差,稳定剂使用率控制在 3.98% ~ 4.02%。

稳定剂用量应定期检查,因为用量变化会引起材料性能和极限强度的变化。检查内容包括每日随机抽查用量、平均用量、每日总用量和每日处理的面积。通过复拌机加入的化学或沥青液体稳定剂可用车载计量系统检查。计量系统应能够确定和显示流速和自动累计使用总量。用这两个读数,可以检查已知区域的稳定剂使用量。通过撒布机加入的稀浆形式的化学稳定剂或添加剂用已知区域的撒布量来计算使用率。此外,建议通过验证质量单来确认运输量。使用率可用日消耗量和日处理面积计算所得平均使用率来检查。

干稳定剂或添加剂的用量检查方法为:用撒布车将干粉喷洒在已知面积的防水布或浅盘上,秤取其上材料质量,如图 17-1 所示。如撒布车载重一定时,可以在生产期间通过测得定量处治的面积来计算用量。此外,使用总量建议用重量单据来确认。

图 17-1　用浅盘检查干稳定剂的用量

7）拌和

拌和应在稳定剂添加后立即进行。如不使用稳定剂，则可不在同一天进行拌和。使用稳定剂能够控制拌和所需时间。沥青稳定剂可通过复拌机液体添加系统加入后立即拌和。加入前，水泥稳定剂与水的初接触不应超过 60min。从水泥稳定剂摊铺到开始拌和的时间不应超过 30min。生石灰稳定混合料应在未压实状态熟化，期间含水率保持在最佳含水率之上。一般生石灰熟化时间不超过 12h，熟石灰至少 4h。

如果整个破碎过程中，含水率控制和稳定剂拌和操作不能在一个行程内完成，现有道路应分行程进行再生。对于级配控制和含水率控制，破碎/调整含水率行程是非常必要的。第一行程完成后，应用平地机对道路进行整形，并用钢轮压路机轻压实，使其厚度得到良好的控制。

干添加剂如果和沥青稳定剂混合使用，通常在第一行程和水一起通过复拌机液体添加系统掺入。泡沫沥青稳定剂可以但不必在第一行程使用。通常在第二行程使用乳化沥青稳定剂。

干石灰稳定剂通常在第一破碎行程后的第二行程掺入并拌和。达到所需熟化周期后，在初压前，石灰稳定混合料应再次拌和。生石灰的第一和最终拌和不可在同一天进行。

干水泥稳定剂通常在干态的第一行程掺入并拌和。在第二行程，通过复拌机液体注射系统掺水。

当全部混合料、RAP、结构层材料和路基材料破碎并达到要求级配后，应继续进行拌和。厚度和级配应定期监测和检查。应在拌和结束后，进行级配的最终检查。掺稳定剂、添加剂和水等应在处治层全厚全宽均匀分布。拌和过程中含水率应保持在要求水平。

再生混合料的均匀性控制手段是直观检查是否存在离析。离析区域可用复拌机或自动平地机按要求重新拌和。均匀性可以通过相邻行程间的纵、横向接缝来检查。此外，检查相邻拌和行程间有无未处理材料。一般规定，相邻行程的纵向接缝搭接至少为 150mm（6in），横向接缝则至少为 0.6m（2ft）。也可以通过比较离析区和非离析区再生混合料来检查级配。为保证处治后材料的均匀性，所有孔、管、阀门、路肩排水沟以及边角的材料也应进行再生，方法为：将材料从处治厚度处挖除至可再生位置，再对其进行拌和；拌和后，将材料移回原处并进行压实。或者将孔、管以及其他道路铸件低于设计 FDR 处治厚度至少 100mm（4in），并准确记录位置。孔应用钢板覆盖，并用合适的材料回填。道路翻修处治应连续进行，以确保 FDR 厚度和材料的一致性。FDR 完成后，应将孔提升至合适高程。

除了规定用量，在方法式规范和最终结果式规范中，业主还规定了掺入材料的性能试验和承包商如何选择用量。采用机械稳定时，级配试验一般作为最终结果要求。力学性能试验包括 CBR（AASHTO T193，ASTM D1883）、R 值（AASHTO T190，ASTM D2844）。间接拉伸强度试验（ASTM D6931，AASHTO T283 或 ASTM D4867）以及偶尔使用的马歇尔稳定试验（AASHTO T245 或 ASTM D6927）通常用于检测沥青稳定剂。第 7d 的无侧限抗压强度试验通常可用于检测水泥稳定剂。根据 ASTM D1633 方法 A，FDR 的抗压强度应用一个无侧限抗压强度的最小值或范围表示。对于石灰稳定剂，无侧限抗压强度试验、CBR 或 R 值试验是最常用的规定性能试验。

8）压实

压实度在强度发展速率和极限强度两方面影响再生材料的长期性能。这将会影响再生混合料对重复荷载和传递荷载的承载能力，继而影响长期性能。

无论使用哪种标准密度，所有 FDR 方法的压实度一般规定为 98%，且个别试验值不低于 96%。唯一的例外使用了改进 Proctor 试验的情况。如果采用 Proctor 试验，压实度一般规定为所有试验值不低于 95%。如果压实层厚度相对较厚，超过 300mm（12in），规范可减小压实度。通常，规范规定底部的压实百分比比上层的规定压实度小 2%~3%。以上值可根据业主经验修改。

试验段的压实过程也遵循上述规定，再生混合料应压实至规定密度范围。如难以满足建议压实度，表明混合料不均匀，且需要新的压实方式或重新规定最大密度。如果出现明显推移，也表明应采用新的压实方式和最大密度，或重新评估压实工艺。

压实影响再生混合料的长期性能,因此应连续检查。检测压实百分比和总处治厚度和分层厚度都很重要。压实材料的现场密度应用核子密度计直接测量(AASHTO 的 T310,ASTM 的 D6938),如图 17-2 所示。使用核子密度计来测量再生混合料的含水率必须严谨,因为密度计是通过读取破碎材料中的水和沥青的氢原子来确定干密度的。

图 17-2　用核子密度仪检查压实密度

标定核子密度仪时考虑沥青结合料中的氢是应该的,但不实际,因为再生混合料中路面破碎后的量和相应的沥青结合料的量是变化的。为了解决这一问题,可在每个压实试验地点取再生混合料试样,并在试验室内测含水率。

如果采用机械稳定,通常使用 Proctor 试验来测试密度。

对于沥青稳定混合料,有三种测试密度的方法,即试验室压实密度法、现场压实密度法以及试验段密度法,其中试验段密度法为最佳。当使用现场压实密度法时,目标密度应以配合比压实的现场芯样和测定样品的体积密度来确定。试验室芯样应在模拟现场的条件下,同一时间内压实。沥青再生混合料的压实密度和试验段密度为全密度或湿密度。如果需要,干密度应通过密度试验位置取混合料芯样和测含水率来测量。湿密度可用含水率换算成干密度。

化学稳定剂,如水泥、石灰或粉煤灰可能改变 FDR 的最大密度关系。添加化学稳定剂会导致最大干密度的减小,最佳含水率增大。

使用化学稳定剂再生混合料的参考密度通常是用规定稳定剂的 Proctor 改良试验测得的最大干密度。对于水泥稳定剂,最大干密度通常根据 AASHTO T134 或 ASTM D558 测得,并用作参考密度。压实期间,含水率应控制在不超过规定最佳含水率 2%,不少于 1%。施工作业应按顺序进行,确保压实在拌和后 20min 内或达到级配和湿度要求后立即进行。所有的压实作业应在开始拌和 2h 内完成。

使用石灰稳定剂的混合料的参考密度通常为根据 ASSHTO T99 或 ASTM D698 测得的最大干密度。初次压实应采用振动压路机。压实时,含水率应保持在最佳含水率的 0% ~ 4% 范围。

9）表面处理

由于压实接近表面处理，FDR表面应按照规定线路、横截面和坡度进行整形。当达到均匀准确的密度时，应继续压实。在表面处理时，路面应借助用不损伤FDR表面的喷水装置保持湿润。压实和表面处理应按上述规定进行，以确保表面不产生压实痕迹、裂缝、拥包或松散材料。

10）养生

完成最后的表面处理作业后，化学稳定的表面应采用沥青类或其他批准的封层，或在一段时间内，用不损伤FDR表面的喷水装置始终保持湿润，一般为3~5d。如果采用薄膜养生，应在完成表面处理后立即进行，一般不超过24h。在薄膜养生前，表面应始终保持湿润。

如使用沥青类薄膜养生（雾封层），FDR表面不能有松散或外来材料，且养生应在压实后通车前进行。雾封层应采用用水稀释至60%固体含量的乳化沥青。一般雾封层用量为0.2~0.7L/m²（0.05~0.15gal/yd²）。

如果需要铺砂，用量应控制在1~5kg/m²（20~3lbs/yd²）。所用砂应不含有黏土或有机物。雾封层和铺砂应足量，在铺磨耗层前能保持道路表面稳定安全。

如果使用水泥稳定剂，磨耗层比较薄，可用微裂技术来防止收缩开裂，并减少磨耗层的反射裂缝。在养生的最初24h，应测量FDR的刚度。如果初始读数低于刚度要求（一般为50~60MN/m），FDR需额外养生24h，并在结束时再次测量刚度。如果超过刚度要求，则以12t（11公吨）钢轮，大约3km/h（2mi/h）的速度，最大振幅和最低频率，来进行微裂，或直接由业主指挥操作。微裂操作应覆盖除了外缘0.3m（1ft）范围的全部路面，在FDR内部制造微小裂纹。一次振动行程后，应测量FDR的刚度。为达到预期裂纹或模量，可能需要额外的钢轮碾压。每次振动后，都应测量FDR的刚度；当FDR刚度相比初始刚度（微裂前）达到至少40%的减小量时，微裂作业结束。如果未测量刚度，应在达到预期裂纹时结束微裂作业。通常需要1~4个行程才能达到所需刚度。

微裂结束后，开始进行中期养生。如果FDR之前处于湿养生，应继续进行2~4d湿养生。或者，可以稳定面层湿养生4h，之后再使用沥青或其他可用的薄膜进行封层。如果在微裂前，稳定层有封层，应继续湿养生2h，然后重新封层。

17.2.8　纵坡和横坡

规范一般规定，再生混合料应在一定容差范围内，按照设计纵坡和横坡来铺装和压实。容差和磨耗层的类型和厚度有关，所有区域不能一味偏高或偏低。表面容差控制如下：从边缘向内10ft（3.0m）的竖直范围内，误差不能超过12mm（1/2in）。超过这一容差的隆起应修整、铣削或打磨调整。低于容差的凹陷应在最后铺面前用沥青材料填充，不得用纤维修补。

17.2.9　平整度

规范通常规定再生混合料的平整度用以下方法检查：3m（10ft）的竖直范围内，任何方向的最大塞差小于12mm（1/2in）。沿水平和垂直于道路方向进行检查。

17.2.10　交通

FDR完成后仅限向本地低速轻型交通和施工设备开放，以免养护薄膜受损。如果供施工所用设备行驶，相邻部分应采取措施，防止设备污染或损害已完工路段。如果损害发生，应将重型货车驶离FDR，直到铺设完磨耗层且FDR通过所有的轴载试验。试验轴载应能代表预测交通类型。如果不发生变形，可允许货车在铺装磨耗层低速行驶；否则，将禁止货车通行，直至能够承载。

17.2.11　养护

在通车后，铺装磨耗层前，FDR表面应在保证安全交通的条件下进行维修。应保护表面，使其免受水或其他有害物质的侵害。已经完工的 FDR 的所有病害,应在铺磨耗层前完成修补。如果需要替换材料,应垂直切割,在全厚度内使用批准的材料进行替换。不可使用表面贴补。

17.2.12　磨耗层

只要 FDR 足够稳定,能承载所需设备,且无损害或无永久变形产生,磨耗层可在养护结束或微裂后的任意时间进行。

17.2.13　质量控制与业主验收测试

应进行质量控制和业主验收的取样和试验,以确保 FDR 满足规范要求。规范通常规定了取样频率和试验方法,且应采用 AASHTO 或 ASTM 方法,或者业主提供的改进方法。

承包商和业主应提供技术人员、试验室和 FDR 期间进行取样或试验的工作人员。如果上述由承办商提供,业主应在试验室和试验人员提供服务之前,审查其熟练程度。试验室、取样和试验地点以及所有配合比设计和质量控制的信息,都应完全向业主开放。

17.2.14　计量与支付

规范应为以下事项提供计量和支付:

(1)施工准备。

(2)交通控制。

(3)完整的 FDR 作业。

(4)稳定剂、添加剂和校正集料。

(5)路基不稳定的修复。

施工准备应作为特定的一次性支付项目,以方便 FDR 作业的交付,及避免数量调整的纠纷。

FDR 作业的交通控制通常作为整体交通控制支付项目的一部分。

道路表面准备,包括所有必要的清理和有害物质移除,通常为 FDR 作业的附带支付项目。调整坡度、预铣刨和拆除部分铺面或是道路拓宽等准备工作,通常按照表面积以平方码(平方米)计付款。

完整的 FDR 作业通常按表面积以平方码(平方米)和业主接受的规定厚度计付款。最终付款量与处理给定区域的行程数、接缝处搭接宽度以及再生材料的硬度或类型无关。FDR 单价一般包括全厚再生用到的所有人工、材料、工具、设备和杂费。其中包括表面清洁、破碎、拌和、摊铺、压实、微裂和养护等的费用;还包括保护和维护 FDR 的费用;执行包括配合比设计的 QA 试验(如果需由承包商提供);培训费用(如果需由承包商提供);计划和规范中所有试验的测量和记录费用。

稳定剂、添加剂和校正集料通常作为单独支付项目,以吨(公吨)计量付款。这部分的计量方法是基于交付质量清单,减去未使用的量。费用包括稳定剂、添加剂和校正集料的供应和添加,即 FDR 工艺中的所有运输、处理、储存、撒布或稀浆制备及使用,以及安全措施等所有的花销。FDR 中的用水通常作为招标项目的附属,无须直接支付。

如果在设计和招投标阶段已明示,则路基修复费用随标段计量支付。如果在 FDR 施工中遇到意外的路基问题,修复费用应根据业主的要求变更支付。

17.2.15　特别规定

FDR 规范附加的、用于规定特定工程要求的特别规定有:

(1)工作范围。

(2)施工进度表、阶段或工作时间范围。

(3)货运要求。

(4)交通疏导要求。

（5）与其他承包商的交互与合作。

（6）设备的停泊和存放。

（7）配合比设计信息。

（8）其他现场特定要求。

调查现有材料或现场材料的状况,取样及试验的结果通常也包括在特别规定内。通常,详细工程分析的信息应包括:

（1）现有道路结构,如单层和总厚度。

（2）沥青层结合料类型。

（3）沥青层所用集料级配。

（4）是否含有路用纤维或专用混合料。

（5）外露或地下公用设施、道路预埋件的位置。

（6）掺入 FDR 混合料的结构层材料的含水率、级配和塑性。

（7）不掺入 FDR 混合料的结构层材料的含水率、级配和塑性。

（8）初步配合比设计的所有结果。

附录

附录 A 术语表

磨损 ABRASION：路面结构表面材料的磨耗、损失。

绝对黏度 ABSOLUTE VISCOSITY：使用（帕斯卡·秒）为基本单位，利用局部真空诱导流黏度计来测量黏度的一种方法。试验温度为 140 ℉（60℃）。

添加剂 ADDITIVE：一种添加到再生剂或稳定剂的材料，用于提高混合料的性能，例如提高早期强度或抗水损害。

新掺料 ADMIXTURE：加入到 HIR 复拌过程中的新沥青混合料，满足路面混合料的性能或级配控制需要。

老化 AGE-HARDENED：在生产和使用中，因暴露在环境中的沥青挥发和氧化引起的损失，会导致沥青针入度下降和黏度增加。

集料 AGGREGATE：坚硬、耐磨的颗粒状矿物材料，如砂、砾石、贝壳、矿渣或碎石等。

龟裂 ALLIGATOR CRACKING：发生在沥青路面，由于重复荷载的作用引起的一系列相互连接的裂缝，呈多边、尖角块，形状像鳄鱼皮。

阴离子乳液 ANIONIC EMULSION：沥青结合料液滴在溶液中具有负电荷的乳化沥青。

沥青 ASPHALT：黑褐色的黏结材料，主要成分来自自然或石油加工的副产品。

沥青结合料 ASPHALT BINDER／CEMENT：炼制的沥青，能达到铺面规范，用作沥青—集料混合料的黏结剂。

乳化沥青 ASPHALT EMULSION：见乳化沥青 EMULSIFIED ASPHALT。

沥青调平层 ASPHALT LEVELING COURSE：厚度可变的沥青层，用于尽量提高现有路面平整度。

沥青混合料 ASPHALT MIXTURE：一种高质量的沥青黏结混合料，含有一定级配的粗集料和细集料。

沥青罩面 ASPHALT OVERLAY：在现有路面上铺装的一层新沥青混合料，用于恢复表面摩擦系数或结构强度。

沥青路面 ASPHALT PAVEMENT：由一层或多层沥青混合料组成的路面结构。

沥青再生剂 ASPHALT REJUVENATOR：液体石油产品，通常包含软沥青，用于加入沥青铺面材料使其恢复到合适的黏度、塑性和弹性。

橡胶沥青 ASPHALT RUBBER：沥青结合料和再生轮胎橡胶和某些添加剂的混和物，其中橡胶成分在热沥青中溶胀。

沥青质 ASPHALTENES：沥青中的一种高分子碳氢化合物。

平均日交通量 AVERAGE ANNUAL DAILY TRAFFIC（AADT）：在某一年中，所有车道双向的平均每日车辆数。

基层 BASE COURSE：建在路基或底基层之上的特定的或是可选择材料的具有一定厚度的结构，为道路提供一种或多种功能，如分散荷载、排水、减小冻害等作用。一般由碎石、砾石、或碎砾石和砂，及回收沥青路面材料等混合而成。

间歇式拌和设备 BATCH PLANT：一种生产沥青混合料的设备，能把分批计重的集料和按重量或体积计量的沥青共同加入拌和。

贝克曼梁弯沉仪 BENKELMAN BEAM：用来测量路表面回弹弯沉的设备，用来评价道路的结构强度,在标准荷载下进行测量。

结合料 BINDER:沥青混合料的一部分,用来将集料黏结在一起。

沥青再生剂 BITUMINOUS RECYCLING AGENT:用于生产泡沫沥青或 CR 过程的乳化沥青。

沥青稳定剂 BITUMINOUS STABILIZING AGENT:用于生产泡沫沥青或 FDR 过程的乳化沥青。

泛油 BLEEDING(FLUSHING):道路表面出现过多的沥青,沥青混合料中沥青用量过多,使用沥青密封剂过多,或沥青混合料孔隙率较低等原因引起。交通和高温条件下产生泛油。

水硬性混合水泥 BLENDED HYDRAULIC CEMENT:波特兰水泥中均匀混合了矿渣水泥或火山灰水泥中的一种。

阳离子乳化剂 CATIONIC EMULSION:沥青的液滴在溶液中带正电荷的乳液。

化学稳定剂 CHEMICAL STABILIZING AGENT:水泥、水泥窑灰、粉煤灰和 FDR 中使用的这些材料的结合料。主要功能是通过将颗粒黏结在一起,提高再生材料的强度。

碎石 CHIP:同一种规格或同一种级配的碎石粗集料。

碎石封层 CHIP SEAL:由乳化沥青和碎石进行的一种表面处理技术,可以是一层或多层。

黏土 CLAY:一种黏性的土壤,由满足统一的土壤分类系统中阿氏限度所定义的细小颗粒所构成。

粗集料 COARSE AGGREGATE:在 4 号(4.75mm)筛以上的那部分集料。

厂拌冷再生 COLD CENTRAL PLANT RECYCLING(CCPR):在集中地点使用固定装置不加热冷拌回收沥青的生产工艺。固定装置可以是特别设计的生产线或卸除铣刨机的 CIM 机固定装置。

就地冷再生 COLD IN-PLACE RECYCLING(CIR):一种恢复性处理技术,涉及原路面材料冷铣刨并和乳化沥青、波特兰水泥或其他改性剂一起重新拌和来提高性能,随后对处理后的材料连续进行整平和压实的生产工艺。

铣刨或冷刨 COLD PLANING(CP):使用一种带有螺旋式齿的旋转筒设备,将道路按照要求的深度捣碎成碎块的处理过程。

冷再生 COLD RECYCLING(CR):不需加热即实现对沥青路面材料再生的过程,分为就地冷再生 CIR 和厂拌冷再生 CCPR。

压实 COMPACTION:通过滚动、振捣等机械操作将一定量的土壤或道路材料进行密实的过程。

流变性能 CONSISTENCY:沥青结合料在任一温度下的流动性或塑性水平。沥青结合料的流变性能随温度变化,因此应在常温或标准温度下比较沥青的流变性能。

矫正性养护 CORRECTIVE MAINTENANCE:为恢复道路的服务能力,针对病害进行的路面养护活动。

成本效益 COST EFFECTIVENESS:一种经济性的评价方法,定义为一种行为或一种处理方法所带来的效益除以当前的成本。

填缝料 CRACK FILLER:某种材料,通常是沥青材料或硅基材料,用来对现有路面的裂缝进行填缝处理。

填封裂缝 CRACK SEALING:通过修补工作来对比较严重的裂缝进行处理的一种养护方法。

横断面 CROSS-SECTION:垂直于道路纵向轴线的截面。

破碎机 CRUSHER:一种将较大的石头或砾石进行轧碎到合适尺寸的设备。

稀释沥青 CUTBACK ASPHALT:用蒸馏后所得到的溶剂稀释所得到的沥青。

深度修补 DEEP PATCHING:一种道路维修方法,通过对原有沥青混凝土和粒料层进行去除,然后用沥青混凝土重新进行处理,其下可以使用粒料层也可用沥青料回补。

密级配混合料 DENSE-GRADED MATERIALS:具有一定粒度分布范围的集料,这样的集料配合更加紧密;从材料所占据空间百分率来看,此种集料之间的空隙比相对较小。

密实 DENSIFICATION:在压实过程中,混合料的密度不断增加的一种行为。

密度 DENSITY:对于给定的一种混合料得到的紧固程度,它受到颗粒之间总空隙的影响。由质量除以体积所得,单位为 kg/m³。

排水层 DRAINAGE LAYER:一种开级配基层,对于道路来说,通常厚度在 100～150mm 之间,与路面的排水系统紧密相连。

连续式拌和设备 DRUM MIX PLANT:一种用来生产沥青混合料的设备,连续地将具有一定级配的集料在一个旋转式滚筒中烘干加热,同时与一定量的沥青进行拌和。

烘箱 DRYER:用来烘干集料或加热集料到特定温度的设备。

动力式弯沉仪 DYNAFLECT:为了估测道路的结构强度,在一定的正弦荷载作用下用来测量道路表面回弹的设备。

路堤 EMBANKMENT:一种人为的填料加高结构,其表面高于自然毗邻的地面。

乳化沥青 EMULSIFIED ASPHALT:由沥青、水、外加剂、有时添加部分溶剂共同在一个高速剪切设备中混合生产而成的沥青。

乳液 EMULSION:乳化沥青结合料的缩写。

最终结果式规范 END RESULT SPECIFICATION:相对于方法式规范,此规范描述最终达到的施工质量要求。

工程用乳化剂 ENGINEERED EMULSION:按照具体工程设计的,具有较大范围规定值的一类乳化沥青。通常由 CR 或 FDR 的混合料最终性能决定乳化沥青的性能,据此进行项目级乳化剂配伍设计与选型。

等效单轴荷载 EQUIVALENT SINGLE AXLE LOAD(ESAL):一种将非标准轴载对路面结构的损害等效为标准轴载 18 000lb(80kN)的转换。一般通过路面结构特定位置处计算或测量的应力、应变或弯沉表达,或用路面的破坏和功能损失的等效程度来表达。

侵蚀 EROSION:长时间的风吹和水冲刷引起的磨耗。

膨胀沥青 EXPANDED ASPHALT:即泡沫沥青。

落锤式弯沉仪 FALLING WEIGHT DEFLECTOMETER(FWD):为评价道路的结构强度,所使用的测量道路在一定动荷载作用下的表面回弹弯沉设备。

疲劳 FATIGUE:由于重复荷载引起强度的下降。

细集料 FINE AGGREGATE:能够完全通过 9.5mm(3/8in)筛,几乎完全通过 4 号筛(4.75mm),主要保留在 200 号筛以上的集料。

细粒土 FINES:集料中比 200 号筛(0.075mm)更细的土壤、黏土或渣料。

柔性路面 FLEXIBLE PAVEMENT:一种道路结构,通常有一层或多层沥青混合料层,建于粒料基层或无机结合料稳定基层之上的路面结构。

冲刷 FLUSHING:见冲刷 blending。

泡沫沥青 FOAMED ASPHALT:或称膨胀沥青,是热沥青、空气和水的混合物。热沥青与少量水接触,引起沥青迅速膨胀成大体积气泡或泡沫。该结合料的黏度大大降低,表面积显著增大,从而更容易分散在集料间或 RAP 混合料中。

雾封层 FOG SEAL:在现有路面上使用少量乳化沥青,通常用水稀释,用来抑制剥落或表面封水,或两者兼有。

摩擦 FRICTION:抵抗一种物体(轮胎)在另一种物体(道路表面)滚动、滑动或流动的性能。

磨耗层 FRICTION COURSE:用来改善道路表面耐磨性能的开级配混合料或表面处治层。

摩擦系数 FRICTION NUMBER:沥青路表面的一种抗滑能力。

冻胀 FROST HEAVE:由于孔隙水的冰冻和结构层材料中的晶体水作用引起的道路表面上升现象。

全厚式路面 FULL DEPTH PAVEMENT:一种由沥青层构成的柔性道路,直接铺于路基上。

全深式再生 FULL DEPTH RECLAMATION(FDR):一种修复技术,其中沥青路面的整个厚度和结构层材料(基层、底基层和/路基)被均匀破碎并重新拌和,为即将修建的高等级路面提供的均匀材料。FDR不对道路进行额外加热。可能会使用稳定剂。

土工合成材料 GEOSYNTHETIC:编织或非编织的人造材料,主要作用是排水、过滤隔离和加筋。有多种类型,如土工布、土工隔栅、土工膜等。

级配 GRADATION:在要求的粒径范围内,土、碎石、砾石或其他材料所占比例。

坡度 GRADE:路面的起伏程度。

等效碎石厚度 GRANULAR BASE EQUIVALENCY(GBE):为了表征路面结构中各部分对强度的贡献,将其分别转换为等效的粒料厚度的方法。

砾石 GRAVEL:粗集料,岩石自然裂解、剥落或加工破碎形成。

高悬浮乳液 HIGH FLOAT EMULSION:由石油蒸馏得到的乳液,各种化学添加剂使其具有凝胶性能。

就地热再生 HOT IN-PLACE RECYCLING(HIR):一项路面维修养护方法,其通过现场对沥青面层加热、软化至适当厚度,把松原路面材料,与再生剂或新掺料充分拌和(如需要),通过常规沥青摊铺压实机械成型的一种就地再生方式,再生深度一般为19~75cm(3/4~3in)。

热拌沥青混合料 HOT MIX ASPHALT(HMA):沥青结合料和级配集料高温下集中拌和成的混合料,经运输、摊铺和压实形成相对密实的面层。

热再生 HOT RECYCLING:在集中工厂生产线,将RAP和新集料、新结合料以及再生剂混合成再生混合料的工艺。

水硬性水泥 HYDRAULIC CEMENT:一种可在水下发生水化反应并硬化的结合料,如波特兰水泥和矿渣水泥。

红外加热 INFRARED HEATING:使用比红光波长更长的不可见热辐射对道路表面加热,可以避免表面出现火焰。有时称为辐射加热或间接加热。

国际平整度指数 INTERNATIONAL ROUGHNESS INDEX(IRI):表征道路表面纵向平整度的一个统计性指标,基于模拟一辆标准四轮汽车在道路上行驶的颠簸程度。

动力黏度 KINEMATIC VISCOSITY:一种测量沥青结合料黏度的方法,用平方毫米每秒作为基本测量单位,与具体沥青的绝对黏度有关,沥青结合料的一般试验温度为135℃(275°F)。

生命周期成本分析 LIFE-CYCLE COST ANALYSIS:对每种维修方式目前和未来所需成本的调查,同时考虑通胀和利率在寿命周期内对费用的影响。

轻锤式弯沉仪 LIGHT WEIGHT DEFLECTOMETER(LWD):一种测量动态荷载下路面挠度的手持设备,用来评价结构承载力是否满足要求。

纵向裂缝 LONGITUDINAL CRACK:一种道路病害形式,裂缝或平行于交通车辆行驶方向。

养护 MAINTENANCE:在路面面层材料和路基的损害老化达到最低可接受的服务水平之前进行的、定期有效的活动,用以保证或延长路面寿命,对于路面修复更具有成本效益。

大修 MAJOR REHABILITATION:提高现有道路的使用寿命和提高承载能力的结构性修复。

集料最大粒径 MAXIMUM SIZE(OF AGGREGATE):全部集料都能通过的最小标准筛孔尺寸。

机械稳定 MECHANICAL STABILIZATION:添加粒料,提高结构性承载力的破碎、拌和和压实工艺。

方法式规范 METHOD SPECIFICATION:包含某一施工项目使用的预定义的方法或技术规范,例如一定重量的压路机的碾压次数等。

精铣刨 MICRO MILLING:用装有额外刀齿的切削滚筒的自推进式机器来制造纹理更细致的表面,用于提高路面的行驶性能和均匀性或除去现有路面非常薄的一层或路面标志。

微表处 MICRO SURFACING:一种表面处理方法,使用聚合物改性乳化沥青、矿料、填料、水和其他添加剂配合成的混合料,将其均匀铺在准备好的表面上。

微波 MICROWAVE：短电磁波，有时可用来加热沥青混合料进行再生。

铣刨重铺 MILL AND FILL：将旧沥青面层表面铣刨并重铺新沥青层，厚度一般小于50mm（2in）。

铣刨 MILLING：用铣刨机铣刨清除沥青面层。

小修 MINOR REHABILITATION：对现有路面非结构性修复，用来消除路面由于环境暴露和老化引起的表面病害。由于该技术非结构性修复，常用于路面养护。

集料公称最大粒径 NOMINAL MAXIMUM SIZE OF AGGREGATE：集料的一种概念或描述，几乎所有集料都能通过的最小筛孔尺寸。

开级配集料 OPEN-GRADED AGGREGATE：具有一定粒径分布的集料，当被压缩时，材料所占整个空间百分率，颗粒之间孔隙相对较大。

行程 PASS：复拌机、平地机或压实机的一个单向工作路径。

坑槽修补 PATCHING：维修损害处或替换原有材料的表面养护处治办法。

路面 PAVEMENT：地基以上的部分结构层。

路面状况指数 PAVEMENT CONDITION INDEX（PCI）：表征路面损害类型、严重程度和破损频率的综合性参数。

路面管理系统 PAVEMENT MANAGEMENT SYSTEM（PMS）：一种路面资产养护分析决策系统，通过计划、投资、设计、施工、维护和定期的评价预测，来提供一个高效的道路网络系统。

路面保值 PAVEMENT PRESERVATION：基于路网水平、保护路面性能的长期战略养护方案，使用集成和成本效益的分析方法，以延长路面寿命、改善道路安全及服务水平。

路面结构 PAVEMENT STRUCTURE：包括底基层、基层和面层。

针入度 PENETRATION：表征沥青结合料稠度，以标准针贯入材料的垂直距离表征，整个过程在标准荷载、温度和时间条件下完成，单位为0.1mm。

渗透性 PERMEABILITY：材料的性能之一，以空气和水通过的速度测得。

塑性指数 PLASTICITY INDEX（PI）：表征土壤的液限和塑限值。

塑限 PLASTIC LIMIT（PL）：表征土壤保持塑性的最低含水率要求。

承载板试验 PLATE LOAD TEST：用来测路基、底基层或基层的载重能力，在静力荷载下测定平板弯沉的试验方法。

磨光 POLISHING：由于车辆轮胎对集料材料的研磨而引起的表面摩擦性能下降的现象。

波特兰水泥 PORTLAND CEMENT：由非常细的微粒组成的水硬性水泥，是由水化硅酸钙和硫酸钙构成的熔渣研磨而成。

坑槽 POTHOLE：在沥青路表面由表面裂缝或沥青基层裂缝引起的局部病害。路面在气候和交通条件下，沥青路面开裂、剥落，路表形成坑洞。

预防性养护 PREVENTIVE MAINTENANCE：为延缓道路病害所采取的主要养护处理方法，如碎石封层、清缝填缝等。

透层 PRIME COAT：在摊铺沥青混合料之前使用低黏度的液体沥青或乳化沥青，使其渗入结构层黏结粒料基层。

纵断面 LONGITUDINAL PROFILE：沿着道路中线方向，表征道路高度、坡度、距离、处治厚度和填筑高度的图表。

横断面 TRANSVERSE PROFILE：垂直路轴线方向，表征横向起伏的图表。

搅拌机 PUGMILL：冷拌或热拌集料、回收沥青路面材料、沥青结合料、再生剂和稳定剂，以生产均质的混合料所使用的设备。

质量保证 QUALITY ASSURANCE（QA）：一种业主和承包商的系统工作，其目的是为项目质量控制提供保障。包括对整个控制过程的连续有效的评价，以及必要的纠正措施。对于特定的产品或服务，还应包括对影响到规定、生产、监测和使用性的质量控制要素的确认、审核和评价。

质量控制 QUALITY CONTROL(QC)：整体目标是使产品或服务的质量满足使用者需求。主要目标是提供一种令人满意的、足够的、经济可靠的质量体系。

松散 RAVELING：由于集料颗粒、沥青和细集料剥离导致的路表面的损失。

回收沥青路面 RECLAIMED ASPHALT PAVEMENT(RAP)：沥青路面从原位挖除,用于热再生、冷再生或全厚再生。

复拌机 RECLAIMER：用于破碎沥青路面和部分结构层材料拌和的设备,可使用稳定剂。

重建 RECONSTRUCTION：完全替换或再生/稳定路面结构及路基土。

再生剂 RECYCLING AGENT：见沥青再生剂 BITUMINOUS RECYCLING AGENT。

修复 REHABILITATION：一种能延长现有路面寿命,提高承载能力结构性增益的工艺,包括结构性加铺和修复。

再生添加剂 REJUVENATING AGENT：具有恢复老化沥青结合料到预期的物理化学性质的碳氢化合物。一般由活化油、活化乳液或软沥青结合料组成,用于热拌现场再生。

复拌 REMIXING：HIR 的一种,在拌和滚筒里或搅拌机使用再生剂和添加剂,加热、软化、翻松和重新拌和现有沥青路面。添加剂包括外加剂和新掺料。

重铺 REPAVING：HIR 的一种,包括面层回收或重拌工艺,以及必要的沥青罩面。

日常维修 ROUTINE MAINTENANCE：按定期计划对公路进行的维修和养护。

车辙 RUTTING：沥青路面行车轨迹上的变形。

砂 SAND：可通过 4 号筛(4.75mm),但保留在 200 号筛(0.075mm)的粒状材料,有天然砂,也有经轧制获得的机制砂。

翻松 SCARIFICATION：通常用平地机翻松、整形和压实的路面结构层。

粉碎 SCARIFICATION：旋转铣磨移除沥青路面顶面 25~50mm(1~2in)的一种工艺。

圆孔筛 SCREEN：试验室器具,圆形筛孔,能分离不同粒径的材料。

离析 SEGREGATION：粗颗粒和细颗粒分离,造成道路材料组成缺陷。

服务水平 SERVICEABILITY：道路交通服务能力。

路肩 SHOULDER：道路两侧无车辆行驶的部分。

拥包 SHOVING：由于车辆荷载剪切引起的道路表面局部区域永久的纵向推移。

方孔筛 SIEVE：试验室器具,方形筛孔,能分离不同粒径的材料。

板 SLAB：硅酸盐水泥制成的表面承载层。

稀浆封层 SLURRY SEAL：使用乳化沥青、砂、水泥和水拌和成稀浆的一种养护方法。单层或多层处理均可。

土 SOIL：由松散的固体颗粒、沉积物或岩石物理化学裂解形成,可能不含有机物。

稳定性 STABILITY：沥青混合料在一定荷载下抵抗变形的能力,取决于内部摩阻力或黏聚力。

稳定作用 STABILIZATION：机械的、化学的或沥青稳定的方法,用来提高或维持混合料的稳定性,或改善工程性能。

稳定剂 STABILIZING AGENT 一种粒料、化学或沥青类添加剂,以提高材料强度、耐久性或水稳定性,或用于提高材料的工程特性。

剥落 STRIPPING：发生在沥青混合料中的现象,即沥青薄膜在水的作用下从集料颗粒表面脱落。

结构承载力 STRUCTURAL CAPACITY：路面承受荷载的能力,由材料、层厚或表面弯沉决定。

底基层 SUBBASE：铺于路基之上的密实的细粒式材料层,其上铺路面道路的基层或刚性路面的水泥板。

路基 SUBGRADE：支撑路面结构的压实土。

SUPERPAVE：战略公路研究计划开发的一系列方法的简称,用于选择沥青结合料、设计热拌混合料和预测沥青混合料的疲劳、车辙、低温开裂或水损害。

表面层 SURFACE：路面结构的最顶层，也可以指面层或抗滑层。

表面再生 SURFACE RECYCLING：HIR 的一部分，对现有路面加热、软化、翻松并使用活化剂拌和。

表面处治 SURFACE TREATMENT：路表封水或表面功能恢复的一种养护方法，改善道路表面行驶质量和抗滑性能，可使用各种沥青和集料。

黏层 TACK COAT：为加强现有路面沥青层与新沥青层或罩面之间的黏结而洒布的液体沥青或乳化沥青。

热塑性材料 THERMOPLASTIC（MATERIAL）：加热时变软，冷却时变硬的材料。

横向 TRANSVERSE：垂直于道路轴线或交通流的方向。

横向裂缝 TRANSVERSE CRACK：一种病害形式，裂缝方向垂直于交通方向。

孔隙（空隙）VOIDS（AIR VOIDS）：沥青裹覆的颗粒构成的压实沥青混合料内的空隙。

温拌沥青 WARM MIX ASPHALT：比 HMA 低 17℃（30℉）或更低的条件下生产混合料的技术。

和易性 WORKABILITY：混合料摊铺和压实的难易程度。

附录B

附录 B　缩略词表

AASHTO	American Association of State Highway and Transportation Officials
	美国公路与运输工作协会
AEM	Association of Equipment Manufacturers
	美国设备制造商协会
AGC	Association of General Contractors of America
	美国承包商协会
ARRA	Asphalt Recycling &Reclaiming Association
	沥青再生协会
ARTBA	American Road and Transportation Builders Association
	美国公路与运输建筑行业协会
ASTM	American Society for Testing and Materials
	美国材料与试验协会
BARM	Basic Asphalt Recycling Manual
	沥青再生技术指南
CaO	Calcium Oxide
	氧化钙
CO$_2$	Carbon Dioxide
	二氧化碳
CBR	California Bearing Ration
	加州承载比
CCPR	Cold Central Plant Recycling
	厂拌冷再生
CIR	Cold In-place Recycling
	现场冷再生
CKD	Cement Kiln Dust
	水泥窑渣
CP	Cold Planing
	冷刨
CR	Cold Recycling
	冷再生
CSS	Cationic Slow Setting Emulsified Asphalt
	阳离子缓凝乳化沥青
DCP	Dynamic Cone Penetrometer
	动力圆锥触探仪
DSR	Dynamic Shear Rheometer
	动力剪切流变仪
FDR	Full Depth Reclamation
	全深式再生
FHWA	Federal Highway Administration
	联邦公路局

FWD	Falling Weight Deflectometer	
	落锤式弯沉仪	
GBE	Granular Base Equivalency	
	等效碎石厚度	
GE	Gravel Equivalent	
	碎石等效	
GPR	Ground Penetrating Radar	
	探地雷达	
GPS	Global Positioning System	
	全球定位信息系统	
G_{mm}	Maximum Specific Gravity	
	最大相对密度	
G^*	Dynamic Modulus	
	动态模量	
HIR	Hot In-place Recycling	
	现场热再生	
HMA	Hot Mix Asphalt	
	热拌沥青混合料	
HR	Hot Recycling	
	热再生	
IRI	International Roughness Index	
	国际平整度指数	
JMF	Job Mix Formula	
	生产配合比	
LKD	Lime Kiln Dust	
	石灰窑渣	
LTPP	Long Term Pavement Performance	
	长期路面性能	
LWD	Light Weight Deflectometer	
	轻锤式弯沉仪	
MRI	Mean Roughness Index	
	平均粗糙度指数	
NAPA	National Asphalt Pavement Association	
	美国国家沥青路面协会	
NDT	Non Destructive Testing	
	非破坏性试验	
NIOSH	National Institute for Occupational Safety and Health	
	美国国家职业安全与健康研究所	
P200	Percent Passing No. 200 Sieve	
	200 号筛通过率	
PCI	Present Condition Index	
	路面状况指数	
PG	Performance Grade (asphalt binder)	

沥青性能分级

PMS　　　Pavement Management System
路面管理系统

PI　　　Profile Index
纵断面指数

PI　　　Plasticity Index
塑性指数

PSI　　　Present Service ability Index
现有路况功能指标

PPT　　　Preconstruction Personnel Training
施工前培训

QA　　　Quality Assurance
质量保证

QC　　　Quality Control
质量控制

RAP　　　Reclaimed Asphalt Pavement
回收沥青路面材料

RN　　　Ride Number
车道数

SE　　　Sand Equivalent
等效砂

SGC　　　Superpave Gyratory Compactor
旋转压实仪

SHRP　　　Strategic Highway Research Program
战略公路研究计划

SN　　　Structural Number
结构数

SO$_4$　　　Sulfates
硫酸盐

SS　　　Slow-setting asphalt emulsion
缓裂乳化沥青

TSR　　　Tensile Strength Ratio
抗拉强度比

US　　　United States
美国

VTM　　　Voids in Total Mix
总空隙率

WMA　　　Warm Mix Asphalt
温拌沥青混合料

δ　　　Phase Angle
相位角

笔记

笔记